21世纪高等学校物联网专业系列教材

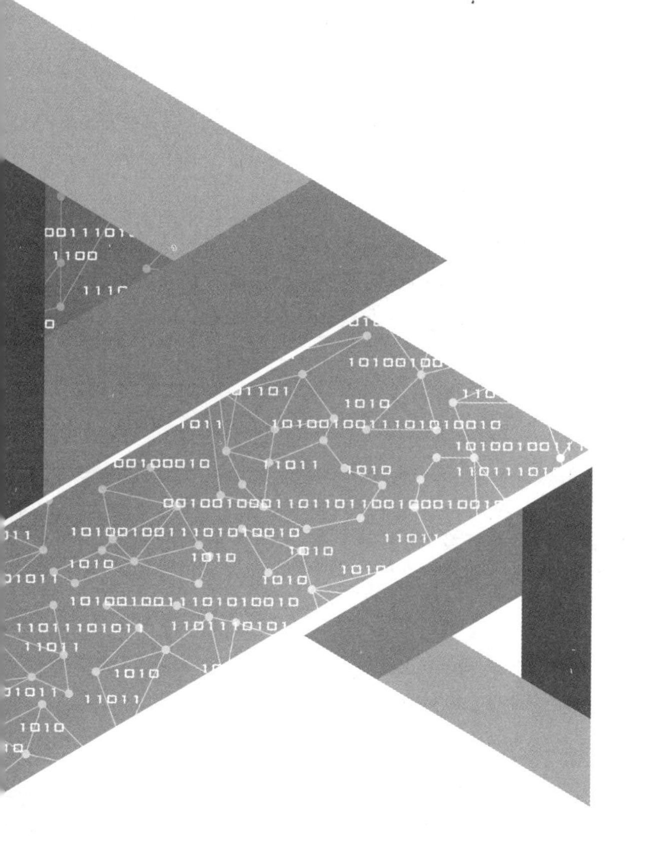

物联网工程项目实训

◎ 万洪莉 李雨晨 编著

清华大学出版社
北京

内容简介

本书循序渐进地介绍物联网工程项目开发的理论知识和实践，以智能停车场为实训案例背景，阐述物联网工程项目的分析、设计和开发过程，是作者多年物联网工程专业教学案例的总结和教学经验的积累。

本书以CC2530开发板为硬件开发平台，讲解物联网无线网络的基础知识，通过CC2530的片上实践，让读者充分了解CC2530开发板上基于单片机的开发过程；依据物联网的网络层、感知层、应用层三大层次结构，介绍在CC2530开发板上基于ZStack协议栈的无线网络组建和通信过程，介绍感知层典型传感器的应用，以及物联网应用层的开发过程。

本书可作为应用型高等院校的物联网工程专业物联网系统开发、物联网工程项目实训等课程的教学用书，也可作为工程技术人员开发物联网工程项目的参考用书。

图书在版编目(CIP)数据

物联网工程项目实训/万洪莉，李雨晨编著．—北京：清华大学出版社，2021.6
21世纪高等学校物联网专业系列教材
ISBN 978-7-302-57749-2

Ⅰ．①物… Ⅱ．①万… ②李… Ⅲ．①物联网—高等学校—教材 Ⅳ．①TP393.4 ②TP18

中国版本图书馆CIP数据核字(2021)第050879号

责任编辑：闫红梅
封面设计：刘 键
责任校对：徐俊伟
责任印制：沈 露

出版发行：清华大学出版社
网　　址：http://www.tup.com.cn，http://www.wqbook.com
地　　址：北京清华大学学研大厦A座　　**邮　　编：**100084
社 总 机：010-62770175　　**邮　　购：**010-83470235
投稿与读者服务：010-62776969，c-service@tup.tsinghua.edu.cn
质量反馈：010-62772015，zhiliang@tup.tsinghua.edu.cn
课件下载：http://www.tup.com.cn，010-83470236
印 装 者：三河市君旺印务有限公司
经　　销：全国新华书店
开　　本：185mm×260mm　　**印　张：**12　　**字　　数：**283千字
版　　次：2021年6月第1版　　**印　　次：**2021年6月第1次印刷
印　　数：1～1500
定　　价：39.00元

产品编号：088582-01

前言
FOREWORD

物联网又称“传感网”，是通过射频识别(RFID)、红外感应器、全球定位系统、超声波传感器等信息传感设备，按约定的协议，将任何物品与互联网连接，进行信息交换和通信，以实现智能化感知、定位、跟踪、监控和管理的一种网络。

目前，我国物联网在技术研发、标准研制、产业培育和行业应用等方面已具备一定基础，但仍然存在一些制约物联网发展的深层次问题。为了推进物联网有序健康发展，我国政府加强了对物联网发展方向和发展重点的规范引导，不断优化物联网发展的环境。物联网的理念和相关技术产品已经广泛渗透社会经济民生的各个领域，在越来越多的行业创新中发挥关键作用。物联网凭借与新一代信息技术的深度集成和综合应用，在推动转型升级、提升社会服务、改善服务民生、推动增效节能等方面正发挥重要的作用，在部分领域带来真正的“智慧”应用。

本书的第1章介绍物联网的基本概念、发展和典型的物联网工程架构。

第2章介绍物联网工程基础知识，包括ZigBee的概念，开发物联网工程项目所需的开发环境及安装过程；还介绍CC2530的基本编程实践，包括输入输出、外部中断、定时器、串口通信。让读者能够运用单片机原理，在CC2530开发板上开发基本的片上应用，进而掌握CC2530的片上资源，能够在开发过程中查阅CC2530用户手册完成基础开发。

第3章介绍物联网网络层知识，包括ZStack协议栈的简介、工作原理。通过实例介绍组建无线网络、在无线网络中的点播、组播、广播三种无线通信方式；通过综合实例RFID刷卡及无线传输，介绍终端节点通过RFID获取数据；通过无线网络传送至终端节点，终端节点通过串口上传至上位机，是一个无线通信较为全面的应用过程。

第4章介绍物联网感知层知识，包括传感器的基础知识、传感器的分类、选择与应用，并介绍了温湿度传感器、液位传感器、超声波传感器、土壤湿度传感器的典型应用。

第5章介绍物联网应用层相关技术，包括物联网服务器的概念、环境搭建、服务器端的功能封装和接口封装、服务器端程序开发，还包括移动端的技术选择、环境搭建，以及移动端的网络通信技术。

第 6 章以智能停车场为实训项目背景，介绍物联网系统开发的全过程，包括系统分析、设计、系统的硬件端、软件端的开发及通信。

本书第 1～4 章由大连东软信息学院教师万洪莉编写，第 5、6 章由大连科技学院李雨晨编写。另外，大连东软信息学院郝健同学参与本书调试工作，史鸿杰同学提供了本书智能停车场实训项目素材。同时，感谢东软睿道赵国辉、贾宁宇、刘旭东、李侃老师提供的培训和指导。

由于时间仓促，书中难免存在不妥之处，请读者原谅，并提出宝贵意见。

编　者

2021 年 1 月

目录

CONTENTS

第 1 章　物联网工程项目架构 ………………………………………… 1

1.1　物联网的概念 ………………………………………… 1

1.2　物联网的发展 ………………………………………… 1

1.3　典型的物联网工程架构 ………………………………………… 2

1.4　习题 ………………………………………… 3

第 2 章　物联网工程基础知识 ………………………………………… 5

2.1　ZigBee 概念 ………………………………………… 5

2.2　开发环境 ………………………………………… 6

2.2.1　硬件开发环境 ………………………………………… 6

2.2.2　安装 IAR 8.10 集成开发环境 ………………………………………… 7

2.2.3　TI 协议栈 ZStack-CC2530-2.5.1a ………………………………………… 11

2.2.4　仿真器 SRF04EB 驱动程序的安装方法 ………………………………………… 14

2.2.5　USB 转串口驱动程序的安装 ………………………………………… 15

2.2.6　IAR 工程文件的建立和调试 ………………………………………… 16

2.3　CC2530 片上实践 ………………………………………… 24

2.3.1　LED 灯控制 ………………………………………… 24

2.3.2　按键检测 ………………………………………… 28

2.3.3　外部中断 ………………………………………… 31

2.3.4　定时器 ………………………………………… 37

2.3.5　串口通信 ………………………………………… 42

2.4　习题 ………………………………………… 53

第 3 章　物联网网络层 ………………………………………… 55

3.1　ZStack 协议栈 ………………………………………… 55

3.1.1 ZStack 协议栈简介 …… 55
3.1.2 协议栈的工作原理 …… 58
3.2 基于 ZStack 协议栈组建无线网络 …… 66
3.2.1 ZStack 的 SampleApp 应用分析 …… 66
3.2.2 组建无线网络 …… 69
3.3 基于 ZStack 协议栈的无线通信 …… 73
3.3.1 点播(点对点通信) …… 74
3.3.2 组播 …… 76
3.3.3 广播 …… 79
3.4 RFID 刷卡及无线传输 …… 80
3.5 习题 …… 86

第 4 章 物联网感知层 …… 88

4.1 传感器基础知识 …… 88
4.1.1 传感器的分类 …… 88
4.1.2 传感器的选择与应用 …… 90
4.2 典型的传感器应用 …… 91
4.2.1 DHT11 温湿度传感器 …… 93
4.2.2 液位传感器 …… 98
4.2.3 超声测距传感器 …… 100
4.2.4 土壤湿度传感器 …… 103
4.3 习题 …… 105

第 5 章 物联网应用层 …… 106

5.1 物联网服务器 …… 106
5.1.1 基于 Java 的 Web 服务器搭建 …… 106
5.1.2 数据库访问工具类的封装 …… 123
5.1.3 服务器端数据管理功能 …… 127
5.1.4 为硬件端和移动端提供服务 …… 134
5.2 物联网移动端 …… 141
5.2.1 Android 平台 …… 141
5.2.2 Android Studio 环境的安装 …… 141
5.2.3 Android 网络通信 …… 151
5.3 习题 …… 158

第 6 章 综合项目实训 …… 160

6.1 智能停车场项目介绍 …… 160

6.1.1 项目体系架构 …… 160
6.1.2 软硬件环境 …… 161
6.1.3 实训项目目标 …… 162
6.2 智能停车场项目硬件端 …… 162
6.2.1 网关模块 …… 162
6.2.2 车位状态无线网络的构建 …… 163
6.2.3 刷卡及道闸控制无线网络的构建 …… 165
6.3 智能停车场项目软件端 …… 169
6.3.1 智能停车场服务器端开发 …… 169
6.3.2 智能停车场移动端开发 …… 174
6.4 习题 …… 179
参考文献 …… 181

第1章 CHAPTER 1 物联网工程项目架构

1.1 物联网的概念

物联网(IoT,Internet of things)即万物相连的互联网,是在互联网基础上延伸和扩展的网络。它将各种信息传感设备与互联网结合,形成一个巨大网络,实现人、机、物在任何时间、任何地点的互联互通。物联网是新一代信息技术的重要组成部分,在IT行业中又被称为"泛互联",意指物物相连,万物互联。由此,"物联网就是物物相连的互联网"。这有两层含义:第一,物联网的核心和基础是互联网,是互联网的延伸和扩展;第二,其用户端延伸和扩展到任何物品与物品之间,进行信息交换和通信。因此,物联网的定义是通过射频识别、红外感应器、全球定位系统、超声波传感器等信息传感设备,按约定的协议,把任何物品与互联网相连接,进行信息交换和通信,以实现对物品的智能化感知、定位、跟踪、监控和管理的一种网络。全面感知、可靠传送和智能处理是物联网的主要特征。

1.2 物联网的发展

从物联网的概念来讲,最早的实践是在1990年,施乐做的第一个网络可口可乐售贩机。1995年,在《未来之路》这本书里,比尔盖茨也提到了物联网,但当时并没有引起关注。1998年,麻省理工学院的教授发现了电子编码,才正式提出"物联网"这个概念。我国也在1999年开始于传感网的研究。2005年,国际电信联盟(ITU)在年度报告上,扩充了物联网的概念"利用二维码识别,无线传感网以及红外线感应,激光扫描和全球定位系统等技术来构建的物体与物体之间的连接"。2008年,各国政府开始从政府层面提倡物联网。2009年,著名IT公司IBM提出的"智慧地球"构想中,物联网起到了主导的作用,奥巴马则将其提升为国家级发展战略,引起了全球各界的广泛关注。

2017年以来,中国物联网形成以"北京—天津、上海—无锡、深圳—广州、重庆—成都"为核心的四大产业集聚区。其中,"感知中国"的核心设在无锡与"十二五"初期比较,中国在物联网关键技术研发、运用示范推行、产业协调开展、政策环境树立等方面取得了明显成果,成为全球物联网发展最为活跃的区域。目前,物联网已进入跨境一体化、多维度技术创新和大规模发展的新阶段,注重区域融合、技术创新与规模发展相结合。由国家牵头,各地政府也在踊跃创造物联网产业开展的良好环境,通过多层次、综合性的政策和办法推动物联网的发展。一是广州等城市依附科技和信息化指导小组统筹协调政策、资金、人才等资源,并成立专项小组推进物联网产业发展。二是加大财税政策支持力度,地方政府积极寻求国家、省市财政资源对物联网项目的支持,进一步为地方物联网产业的发展设立专项资金。三是鼓励投资,拓宽融资渠道。成都等城市通过发展债务融资和上市融资政策支持企业,而对企业的成功融资给予财政奖励。四是重点支持物联网科技攻关,各地方政府积极推动联合实验室等创新载体发展,加快创新公共服务体系建设。五是加强人才培养。物联网专项人才成为各地方政府人才战略的重要对象。2019 年以来,我国加快优化物联网连接环境,推动 IPv6、NB-IoT、5G 等网络建设,促进物联网步入实质性的快速发展阶段。2019 年 4 月,《工业和信息化部关于开展 2019 年 IPv6 网络就绪专项行动的通知》正式发布,推进 IPv6 在网络各环节的部署和应用,为物联网等业务预留位置空间,提升数据容纳量。

世界物联网大会(WIOTC)是构建万物互联智慧世界的国际机构组织(非社团组织),是致力于搭建全球先进的物联网技术、资金、人才的交流平台,打造物联世界新经济主导产业,建立世界物联经济体系,造福各国人民的物联网智慧生活、工作和生产。在 2019 年,该组织分别在 9 月的无锡和 11 月的北京组织了两次国际性会议,会议的主题是"推动 5G 物联世界,创造全球智慧经济"。会议详细讨论了即将到来的 5G 网络的部署和应用以及如何打造物联网新技术;公示了 2019 年世界物联网行业 500 强排名;发表了修订版的世界物联网白皮书;旨在推动创建中国和世界物联网新经济样板,给各国物联网产业的发展提供借鉴案例;成立了世界物联研究院连接操作系统研究所并进行了颁牌仪式。

1.3 典型的物联网工程架构

物联网又被称为无线传感网,网络拓扑控制、网络安全、时间同步、定位技术是支撑其工程架构的关键技术。物联网按架构可以分为感知层、网络层和应用层,如图 1-1 所示。

(1) 感知层:负责信息采集和物物之间的信息传输。信息采集的技术包括传感器、条码和二维码、RFID 射频技术、音视频等多媒体信息。信息传输包括远近距离数据传输技术、自组织组网技术、协同信息处理技术、信息采集中间件技术等传感器网络。感知层的作用相当于人的眼、耳、鼻、喉和皮肤等神经末梢,它是物联网识别物体、采集信息的来源,其主要功能是识别物体,采集信息。感知层是实现物联网全面感知

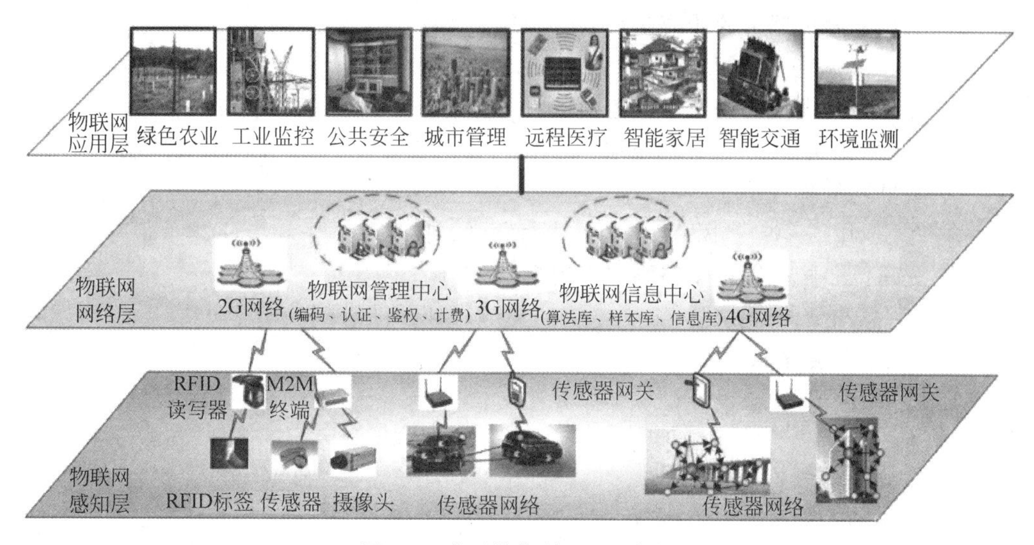

图 1-1　典型的物联网工程架构

的核心能力，是物联网中包括关键技术、标准化方面、产业化方面亟待突破的部分，关键在于具备更精确、更全面的感知能力，并解决低功耗、小型化和低成本的问题。

(2) 网络层：利用无线和有线网络对采集的数据进行编码、认证和传输。广泛覆盖的移动通信网络是实现物联网的基础设施，是物联网三层中标准化程度最高、产业化能力最强、最成熟的部分，关键在于为物联网应用特征进行优化和改进，形成协同感知的网络。网络层相当于人的神经中枢和大脑，负责传递和处理感知层获取的信息。

(3) 应用层：应用开发是物联网的核心。应用层提供丰富的基于物联网的应用，是物联网发展的根本目标，将物联网技术与行业信息化需求相结合，实现广泛智能化应用的解决方案集。它的关键在于行业融合、信息资源的开发利用、低成本高质量的解决方案、信息安全的保障以及有效的商业模式的开发。应用层是物联网和用户(包括人、组织和其他系统)的接口，它与行业需求结合，实现物联网的智能应用。

三个层次所用的公共技术包括编码技术、标识技术、解析技术、安全技术和中间件技术。三个层次的感知延伸层技术、网络层技术和应用层技术构成了完整的物联网技术体系。

1.4　习题

1. “智慧地球”是(　　)公司提出的。

　A. Intel　　B. IBM　　C. TI　　D. Google

2. 物联网的概念最早是(　　)年提出来的。

　A. 1998　　B. 1999　　C. 2000　　D. 2010

3. 我国开始传感网的研究是在(　　)年。

A. 1999　　B. 2000　　C. 2004　　D. 2005

4. 三层结构类型的物联网不包括(　　)。

A. 感知层　　B. 网络层　　C. 应用层　　D. 会话层

5. 物联网的核心是(　　)。

A. 应用　　B. 产业　　C. 技术　　D. 标准

6. (多选题)物联网技术体系主要包括(　　)。

A. 感知延伸层技术　　B. 网络层技术

C. 应用层技术　　D. 物理层

7. “感知中国”中心设在(　　)。

A. 北京　　B. 上海　　C. 九泉　　D. 无锡

8. 物联网的核心是(　　)。

A. 应用　　B. 产业　　C. 技术　　D. 标准

9. (多选题)物联网的主要特征(　　)。

A. 全面感知　　B. 功能强大　　C. 智能处理　　D. 可靠传送

10. (多选题)以下哪些是无线传感网的关键技术?(　　)

A. 网络拓扑控制　　B. 网络安全技术

C. 时间同步技术　　D. 定位技术

11. (多选题)物联网技术体系主要包括(　　)。

A. 感知延伸层技术　　B. 网络层技术

C. 应用层技术　　D. 物理层

第 2 章 CHAPTER 2 物联网工程基础知识

2.1 ZigBee 概念

ZigBee 是基于 IEEE 802.15.4 标准的低功耗局域网协议。根据国际标准规定，ZigBee 技术是一种短距离、低功耗的无线通信技术。这一名称（又称紫蜂协议）来源于蜜蜂的八字舞。由于蜜蜂（bee）是靠飞翔和“嗡嗡”（zig）地抖动翅膀的“舞蹈”与同伴传递花粉所在方位信息，也就是说蜜蜂依靠这样的方式构成了群体中的通信网络。其特点是近距离、低复杂度、自组织、低功耗、低数据速率，主要适合用于自动控制和远程控制领域，可以嵌入各种设备。简而言之，ZigBee 是一种便宜的，低功耗的近距离无线组网通信技术，是一种适用于低速短距离传输的无线网络协议。ZigBee 协议从下到上分别为物理层（PHY）、媒体访问控制层（MAC）、传输层（TL）、网络层（NWK）、应用层（APL）等。其中，物理层和媒体访问控制层遵循 IEEE 802.15.4 标准的规定。

目前，超过 150 多家成员公司正积极进行 ZigBee 规格的制定工作。其中包括推广委员，半导体生产商、无线技术供应商及代工生产商。推广委员分别是 Honeywell，Invensys，Mitsubishi，Freescale，Samsung，TI/Chipcon 和 Ember 等。

比较有竞争力的 ZigBee 解决方案主要有下面几种。

（1）Freescale：MC1319X 平台。

（2）TI/Chipcon：SoC 解决方案 CC2530。

（3）Ember：EM250Zigbee 系统晶片及 EM260 网络处理器。

（4）Jennic 的 JN5121 芯片。

本书对应的是 TI/Chipcon：SoC 解决方案 CC2530，技术成熟，资料全，论坛讨论多。

2.2 开发环境

2.2.1 硬件开发环境

本书配套的实验平台是 IAR 集成开发环境，基于 ZigBee 的协议栈 ZStack 2007 PRO，采用 CC2530 主芯片，CC2530 核心板如图 2-1 所示。

图 2-1 CC2530 核心板

该核心板的功能特点是体积小，质量轻，引出全部 I/O 口；可直接应用在万用板或自制 PCB 上。

本书采用的开发板是 ZigBee 增强型底板，支持 CC2530 核心板，并扩展功能接口、功能按键和 LED 指示灯，如图 2-2 所示。

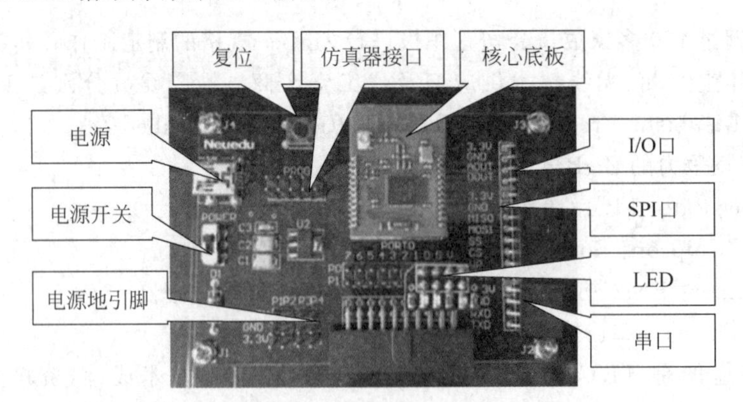

图 2-2 ZigBee 增强型开发板

ZigBee 增强型开发板的功能特点如表 2-1 所示。

表 2-1　ZigBee 增强型开发板的功能特点

底板尺寸	8cm×5.5cm
串口通信	外接 USB 转串口模块(PL-2303),方便笔记本电脑用户
供电方式	方口 USB
功能接口	Debug 接口,兼容 TI 标准仿真工具,引出所有 I/O 口,常用的串口引脚以及 5V/3.3V 引脚
功能按键	1 个复位按键
指示灯	LED 指示灯：电源指示灯、组网指示灯和普通 LED
核心模块支持	支持 CC2530 核心板
传感器模块支持	支持标准传感器接口：温度 DS18B20/温湿度 DHT11 等全系列传感器

2.2.2　安装 IAR 8.10 集成开发环境

打开 IAR 的安装文件 EW8051-EV-8103-Web.exe,单击右键,以管理员身份运行。本书安装过程中均采用默认安装位置,如图 2-3 所示。

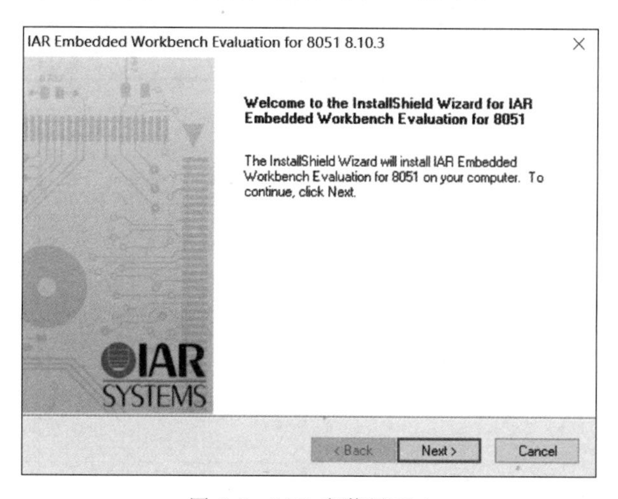

图 2-3　IAR 安装界面 1

在如图 2-4 所示的安装界面中,会提示输入注册序列号。

在如图 2-5 所示的界面中,提示用户仔细阅读注册须知。

中间过程全都单击 Next 按钮,直到提示要求输入 License。在 Enter User Information 对话框中,输入用户的 Name、Company,以及 License#,如图 2-6 所示。License# 通常由 14 位数字构成,可以通过所购软件的 CD 封皮、E-mail 注册或其他途径获得。

输入完毕,单击 Next 按钮进入 Enter License Key 界面,其获取方式与 License# 相同,如图 2-7 所示。

在安装类型选择界面中,选中 Complete 单选按钮,进行完全安装,如图 2-8 所示。

在图 2-9 所示的对话框中,选择 IAR 的安装位置。

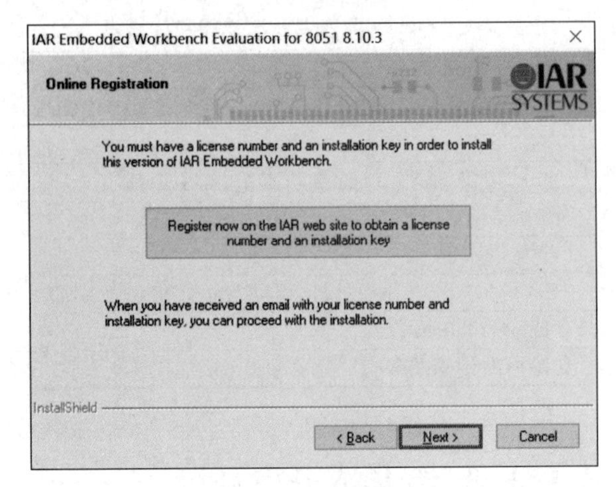

图 2-4 IAR 安装界面 2

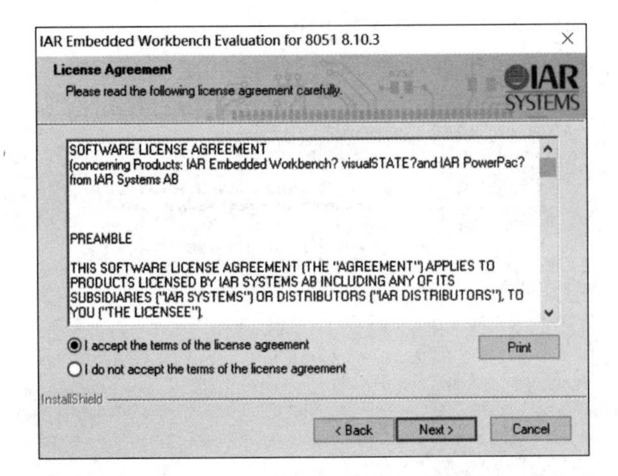

图 2-5 IAR 安装界面 3

IAR Embedded Workbench Evaluation for 8051 8.10.3
Enter User Information
IAR SYSTEMS
Enter your name, the name of your company and your IAR Embedded Workbench Evaluation for 8051 license number.
Name: iotTeacher
Company: iotTraining
Can be found on the CD cover, or via e-mail registration
License#: 6085-715-666-6748
InstallShield
< Back
Next >
Cancel

图 2-6 IAR 安装输入 License 对话框

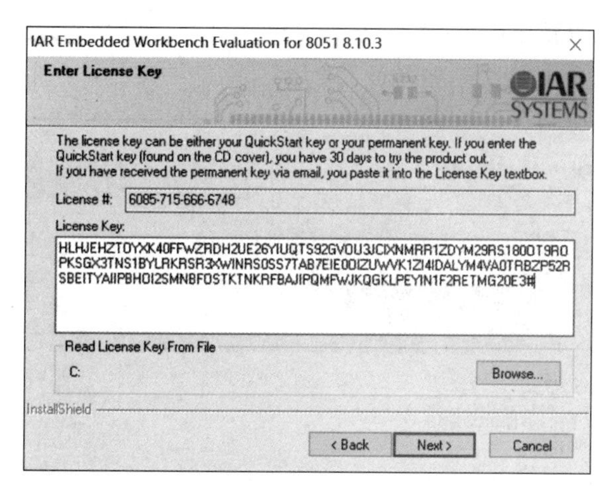

图 2-7　IAR 安装输入 License Key 对话框

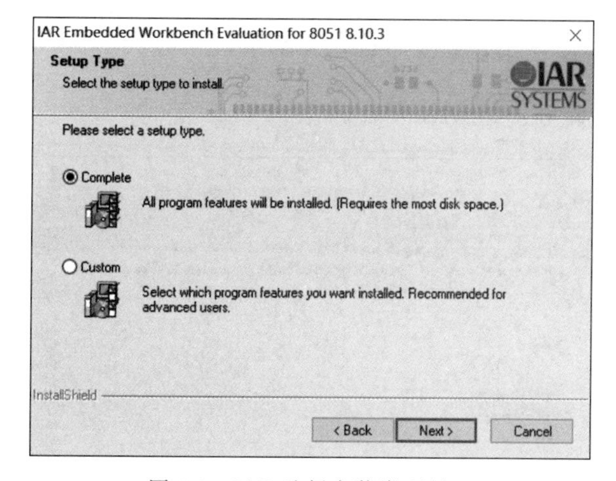

图 2-8　IAR 选择安装类型界面

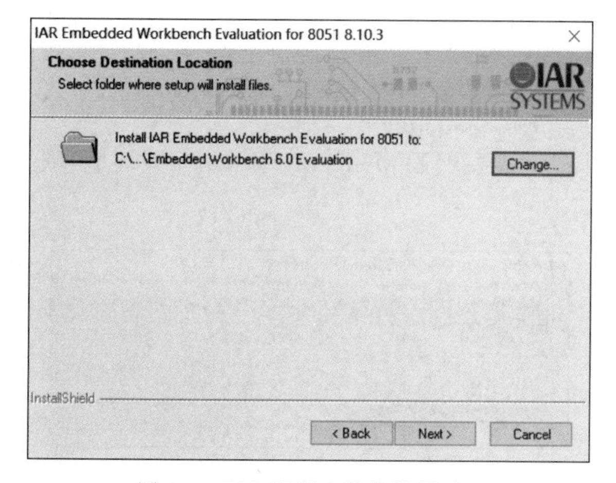

图 2-9　IAR 选择安装位置界面 1

在图 2-10 所示的界面中，输入 IAR 的安装文件夹，可使用安装过程中默认给出的文件夹名称，也可以自定义文件夹名称。

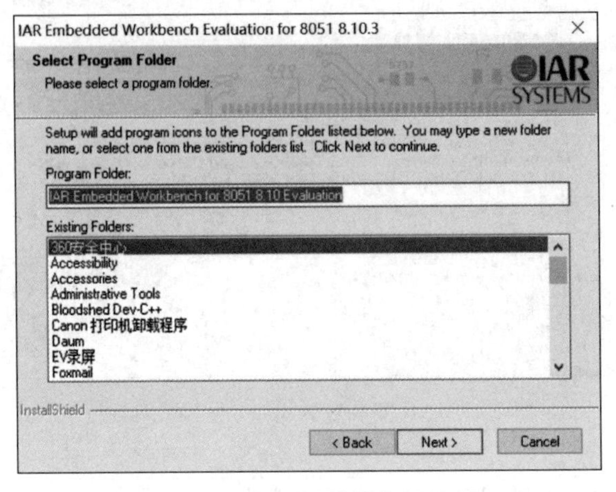

图 2-10　IAR 选择安装位置界面 2

经过以上步骤，即可开始 IAR 安装，如图 2-11 所示。

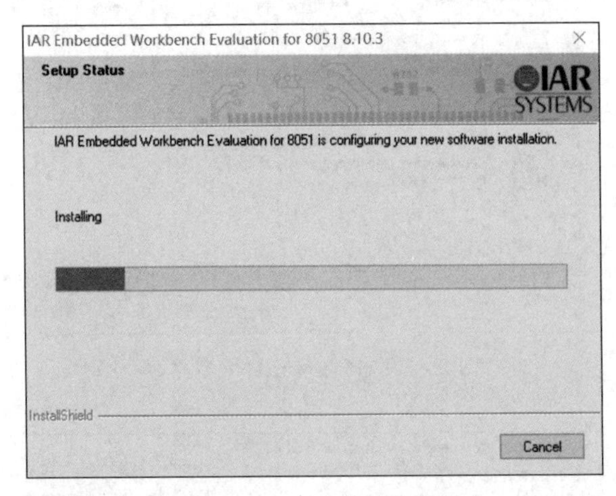

图 2-11　IAR 安装过程界面

如果安装过程中提示需要配置 Microsoft Visual C++ 环境，则按导航步骤完成，如图 2-12 所示。

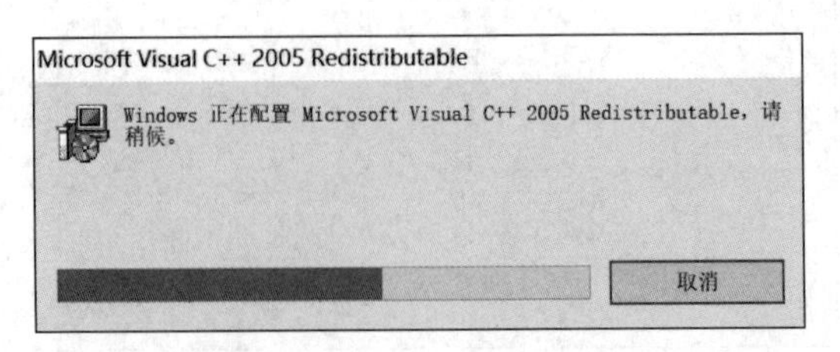

图 2-12　IAR 安装配置 Microsoft Visual C++ 界面

IAR 安装完成界面如图 2-13 所示。

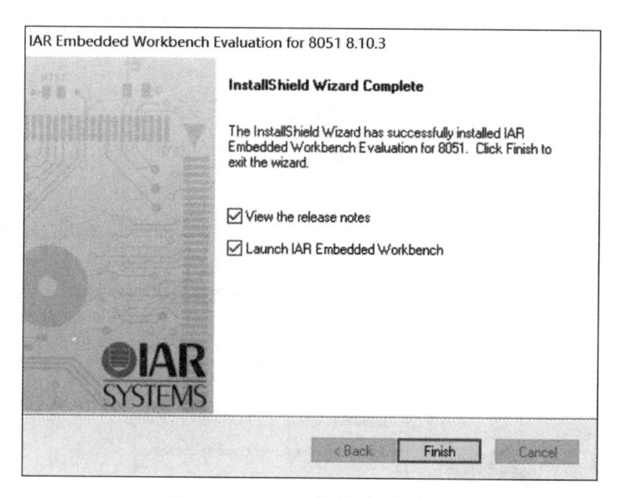

图 2-13　IAR 安装完成界面

单击安装完成界面中的 Finish 按钮，会出现 IAR 开发界面，如图 2-14 所示。

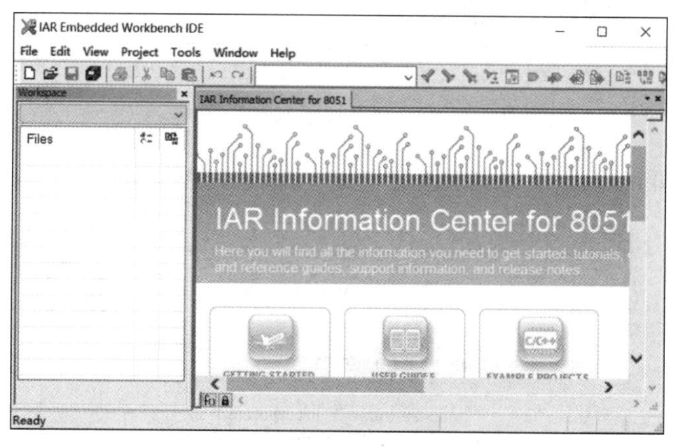

图 2-14　IAR 软件开发界面

2.2.3　TI 协议栈 ZStack-CC2530-2.5.1a

ZigBee 是 ZigBee 联盟建立的技术标准。第一个 ZigBee 协议栈规范于 2004 年发布，称为 ZigBee 2004 或者 ZigBee 1.0。2006 年之后，ZigBee 联盟每年都会发布更新版本的协议栈规范。ZStack 是 ZigBee 协议栈的一个具体实现。它是 TI 公司提供的半开源的协议栈，其核心代码以库的形式提供。该协议栈支持 CC2530 芯片。目前，ZStack 有多个版本，网上使用最广泛的版本是 ZStack 2.5.1a，本书也是使用此版本。最新版本可以在官网注册后下载，网址是 http://www.ti.com.cn/tool/cn/Z-Stack。

ZStack 开发环境(IDE),即在本书 2.2.1 小节中安装的 IAR 8.10,不同版本的 ZStack 其 IAR 版本也不一样。本书安装的 ZStack-CC2530-2.5.1a 和 IAR 8.10 可以配套使用。

ZStack 的安装过程比较简单,在 TI 协议栈的安装文件 ZStack-CC2530-2.5.1a 上右击,在弹出的快捷菜单中选择以管理员身份运行,即可开始安装 ZStack 协议栈,如图 2-15 所示。

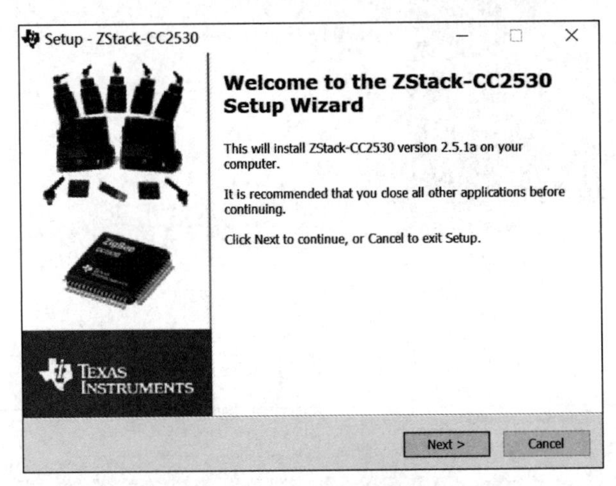

图 2-15 ZStack 协议栈安装界面 1

在如图 2-16 的界面中,选择接受 ZStack 安装的许可协议。

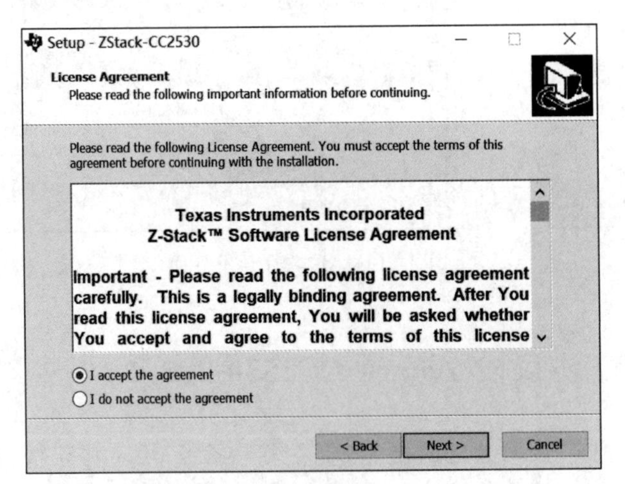

图 2-16 ZStack 协议栈安装界面 2

选择 ZStack 协议栈的安装位置,如图 2-17 所示。

在图 2-18 所示的界面中,单击 Install 按钮,系统即可开始安装 ZStack 协议栈,安装进度如图 2-19 所示。

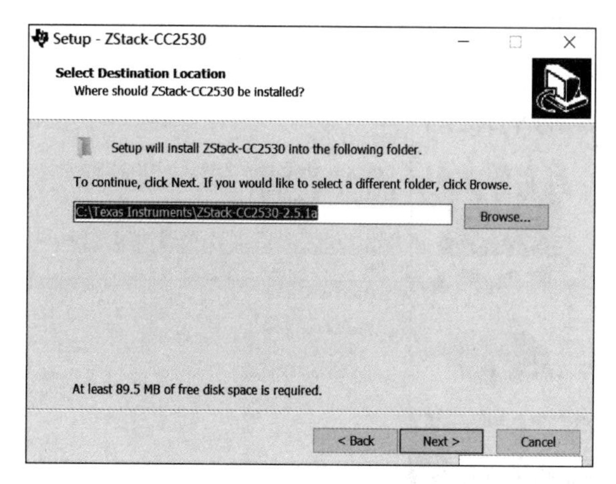

图 2-17　ZStack 协议栈安装界面 3

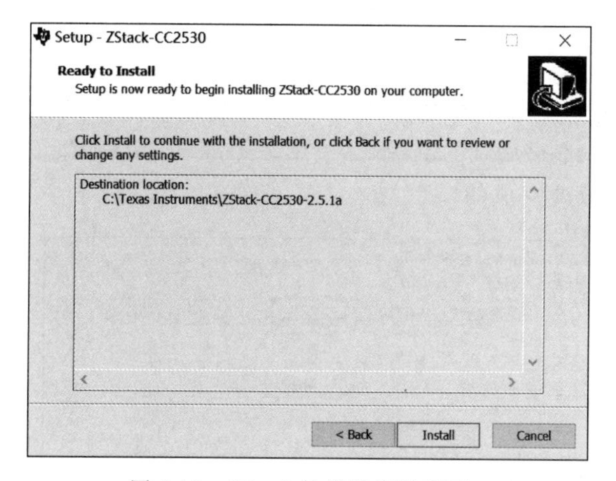

图 2-18　ZStack 协议栈安装界面 4

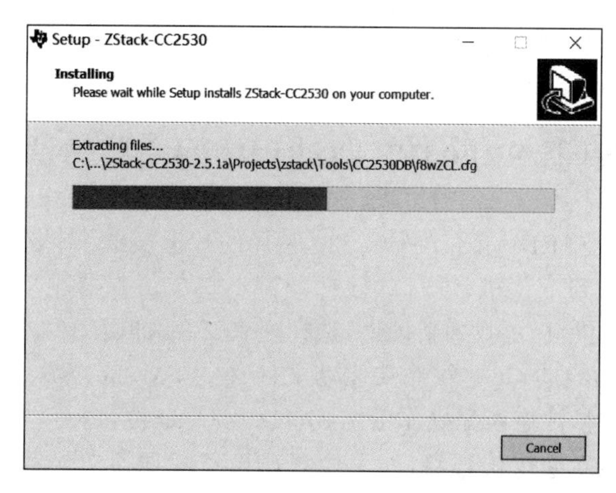

图 2-19　ZStack 协议栈安装界面 5

安装完成后,可勾选 View the Release Notes 复选框,也可直接单击 Finish 按钮结束安装,如图 2-20 所示。

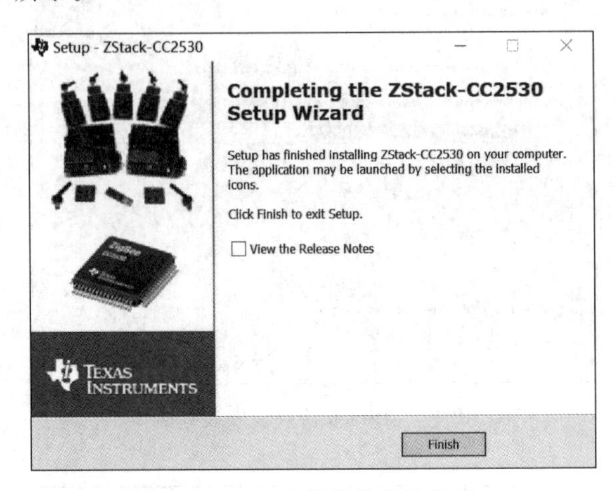

图 2-20 ZStack 协议栈安装界面 6

ZStack 协议栈安装完成后,在用户选择的安装路径下,可以看到例程、工具和文档,如图 2-21 所示。本书后续的例程,都是在 ZStack 安装后产生的 Projects 文件夹下的样例工程基础上修改完成的。

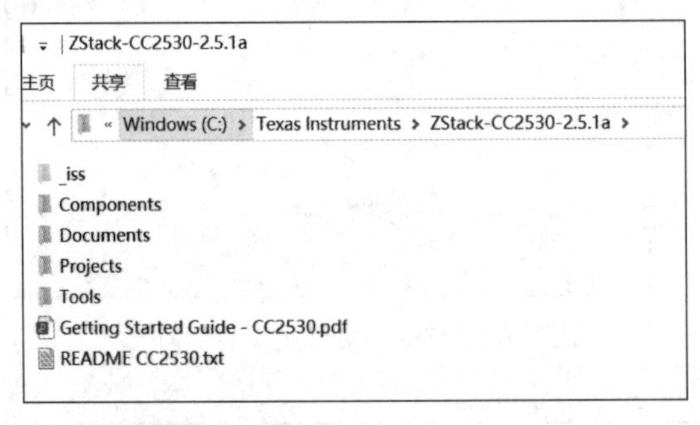

图 2-21 ZStack 协议栈安装成功路径

2.2.4 仿真器 SRF04EB 驱动程序的安装方法

本书采用仿真器 SRF04EB,在 CC2530 芯片的片上实践、网络层编程和感知层开发阶段,将程序下载到下位机,进行软硬件调试。安装仿真器驱动程序时,将仿真器 SRF04EB 插进计算机,提示找到新硬件,选择列表安装,如图 2-22 所示。

驱动程序的路径在:开发软件和驱动文件夹的 SMARTRF04EB 仿真器驱动程序。安装驱动程序时,注意匹配操作系统版本以及 CPU 位数。

安装完成后,重新插拔仿真器,如果能够在设备管理器中显示 SmartRF04EB,说明驱动程序安装完成,如图 2-23 所示。

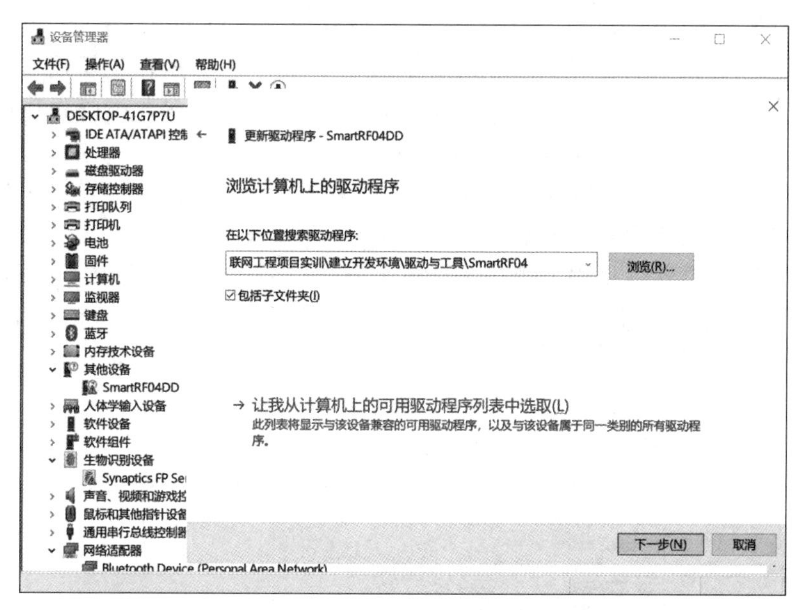

图 2-22　SMARTRF04EB 驱动程序安装过程

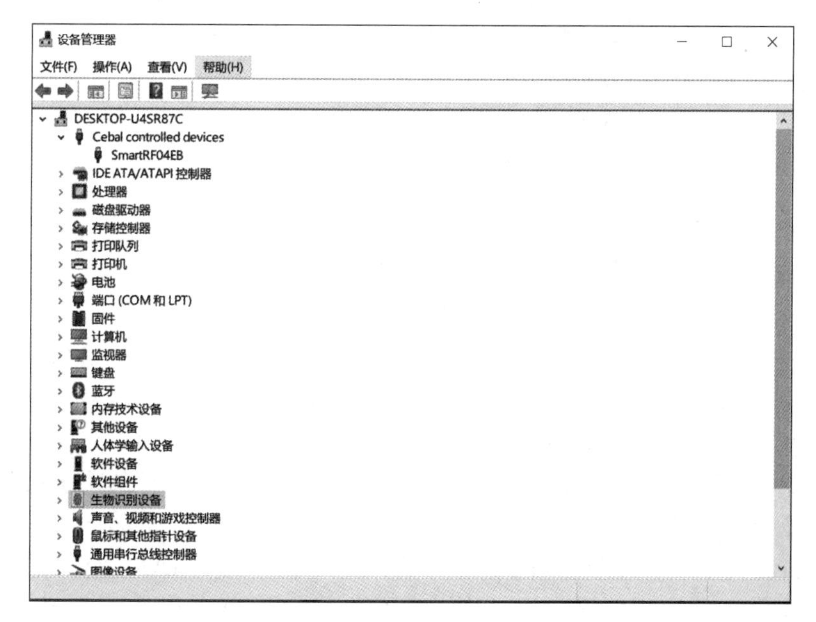

图 2-23　SMARTRF04EB 驱动程序安装成功

2.2.5　USB 转串口驱动程序的安装

在本书采用的 ZigBee 开发板上，未集成 USB 转串口芯片，采用外接 PL2303 芯片，完成 USB 转串口功能，再安装相应的驱动程序就可通过 USB 直接开发调试。PL2303 驱动程序的安装过程是：断电后将 PL2303 插入扩展板的串口接口。注意引脚的对应关系：PL2303 的发送引脚和 CC2530 开发板的串口接收引脚相连；PL2303 的接收引脚和 CC2530 开发板的发送引脚相连。

打开 PL2303_driver 软件直接进行安装，注意驱动程序按照实际操作系统版本和位数来安装(安装时候建议 USB 线不连接 ZigBee 开发板。)

安装好后，通过方口 USB 线连接 ZigBee 开发板，右击“我的电脑”图标，在弹出的快捷菜单中选择“属性”→“设备管理器”选项，在弹出的窗口中查看到 USB 转串口驱动程序 Prolific USB-to-Serial Comm Port(COM24)，说明驱动程序安装成功，如图 2-24 所示。

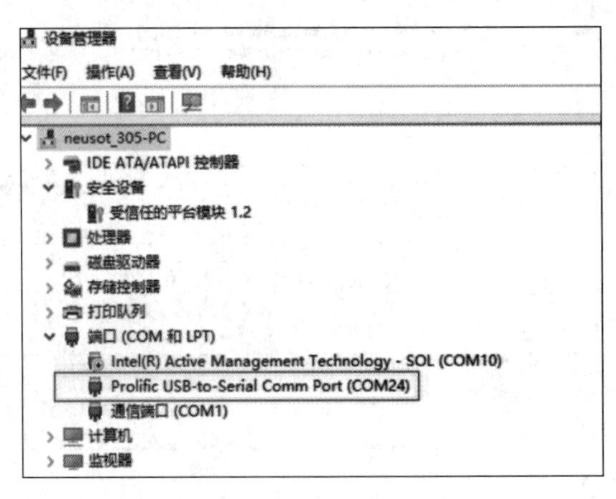

图 2-24　USB 转串口模块驱动程序安装成功

2.2.6　IAR 工程文件的建立和调试

至此，相关开发软件和仿真器驱动程序都安装好了，本节将讲述在 IAR 8.10 编译环境中如何快速建立自己的工程和修改相关配置。CC2530 有四种不同的型号：CC2530F32/64/128/256，编号后缀分别代表 32/64/128/256KB 的闪存容量。本书所采用的 CC2530 核心板型号为 CC2530F256，后续的 IAR 工程文件的建立和调试均根据此型号进行设置。

(1) 新建文件夹，命名为 FIRST，用于存放本书的第一个 IAR 工程项目和文件。打开已经安装好的 IAR 软件，选择 Project→Create New Project 选项，新建一个项目，选择默认选项，并单击 OK 按钮，如图 2-25 所示；保存在自定义的路径位置，即新建的 FIRST 文件夹，如图 2-26 所示。

(2) 创建.c 文件。在 FIRST 工程视图中，选择 IAR 的 File→New→File 选项，如图 2-27 所示，在 FIRST 工程中新建一个.c 文件，命名为 first.c，如图 2-28 所示。创建完成后，在工程名 FIRST 上右击，在弹出的快捷菜单中选择 Add Files 或 Add “first.c”，即可将 first.c 添加到工程 FIRST 中，如图 2-29 所示。

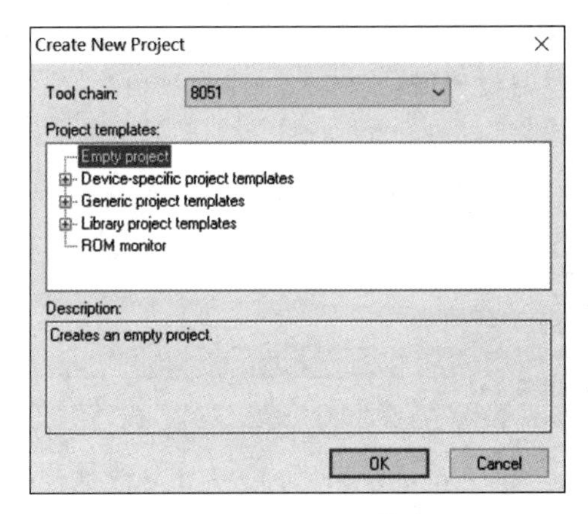

图 2-25　FIRST 工程的建立 1

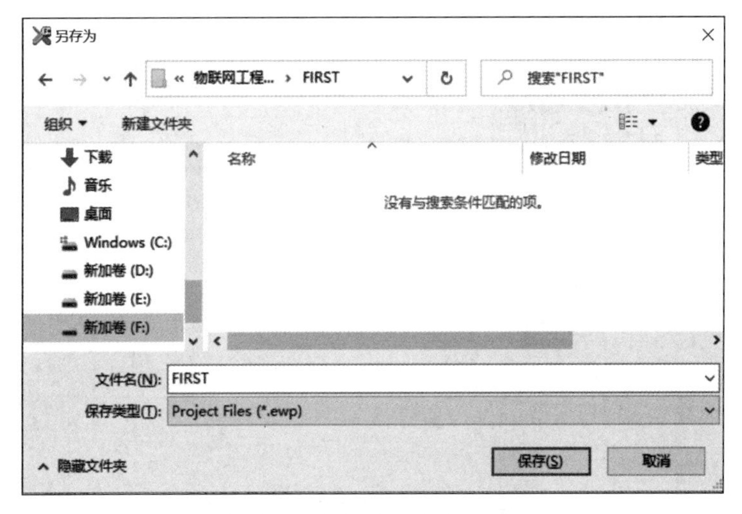

图 2-26　FIRST 工程的建立 2

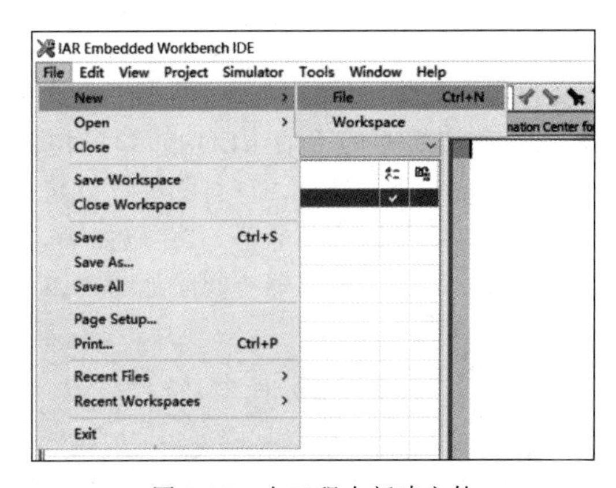

图 2-27　在工程中新建文件

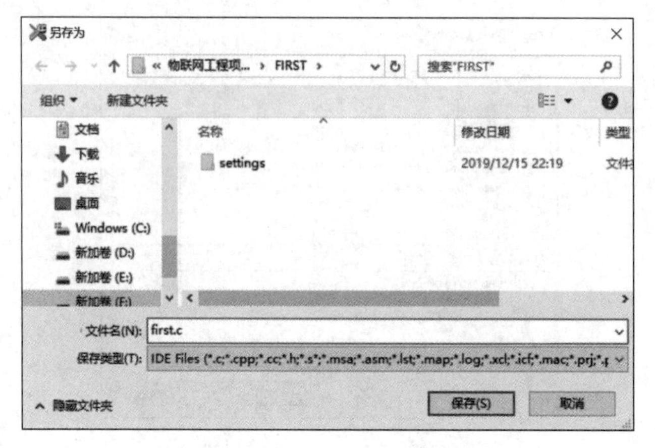

图 2-28　新建 first. c 文件

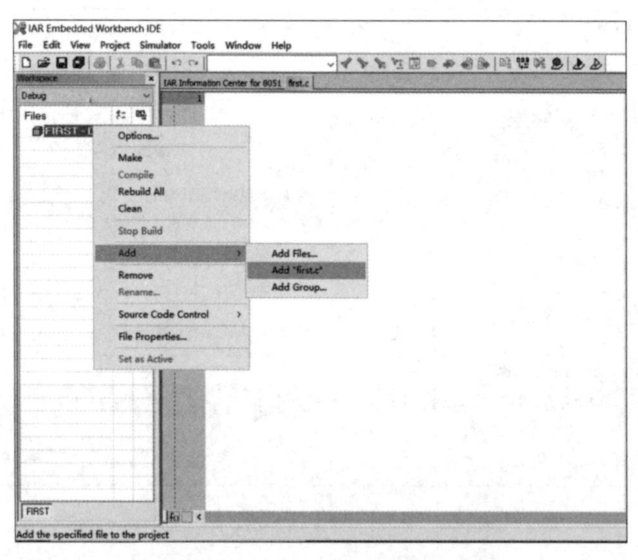

图 2-29　把 first. c 添加到工程中

（3）下面在 first. c 文件中，添加一段测试代码，其作用是控制 LED 灯的闪烁和蜂鸣器有间隔地鸣叫。将 LED 灯模块中的普通 LED 指示灯对接于开发板的引出 I/O 口：P0 口的第 6 引脚，即用 P0_6 引脚控制 LED 灯的亮灭。将蜂鸣器模块外接于 P0 口的第 3 引脚，即用 P0_3 控制蜂鸣器的鸣叫启停，其代码如下。

【程序 2-1】 控制 LED 灯的闪烁和蜂鸣器有间隔地鸣叫。

```
#include "iocc2530.h"
#define LED P0_6
#define LED_ON 1
#define LED_OFF 0
#define BEEP P0_3
```

```
#define BEEP_ON 1
#define BEEP_OFF 0
void delay(int x)
{
    int i,j;
    for(i = 0;i < x;i++)
      for(j = 0;j < 600;j++);
}
int main(void)
{
    P0DIR| = 0x01 << 6;
    P0DIR| = 0x01 << 3;
    while(1)
    {
        LED = LED_ON;delay(200);
        LED = LED_OFF;delay(200);
        BEEP = BEEP_ON;delay(200);
        BEEP = BEEP_OFF;delay(200);
    }

while(1);
}
```

将测试代码添加到 first. c 之后保存，即完成工程的创建和工程中添加代码的全过程。

(4) 在 IAR 配置以下选项。在工程名上右击，在弹出的快捷菜单中选择 Options 选项，General Options 配置如图 2-30 所示；单击 Device 旁的浏览文件夹按钮，打开 Texas Instruments 文件夹，如图 2-31 所示；选择 CC2530F256 芯片，如图 2-32 所示。注意，这里只是基础实验需要配置，协议栈实验使用 TI 默认的即可，无须配置，配置了会出错。

图 2-30 中有关于 code model 的设置。Near 的意思是不需要 BANK 支持，只需要 64KB 的 Flash 内存。对于 CC253XF32 和 CC253XF64 芯片，该选项是必选项；对于 CC253XF128 和 CC253XF256 芯片，该选项是可选项。如果想访问 CC253XF128 和 CC253XF256 的所有 Flash 就选择 BANKED。

图 2-30 中关于 Date model 的设置，选择 Data model 为 Large，作用是告诉编译器如何使用 8051 的内存存储变量，small 访问 data，large 访问 xdata。以 data 的形式访问 8051 内存变量时，速度快，以 xdata 的形式存储时，容量较大。

图 2-30 中的 Number of virtual 设置为 8。选中 Do not use extended stack 单选按钮，表示设置为不使用额外的堆栈。Calling convention 的设置选择 PDATA stack reentrant。

接下来，在 Options for node "FIRST"对话框中设置 Linker 选项。选择 Linker→Config→Linker configuration file 选项，弹出 Options for node "FIRST"对话框；在此

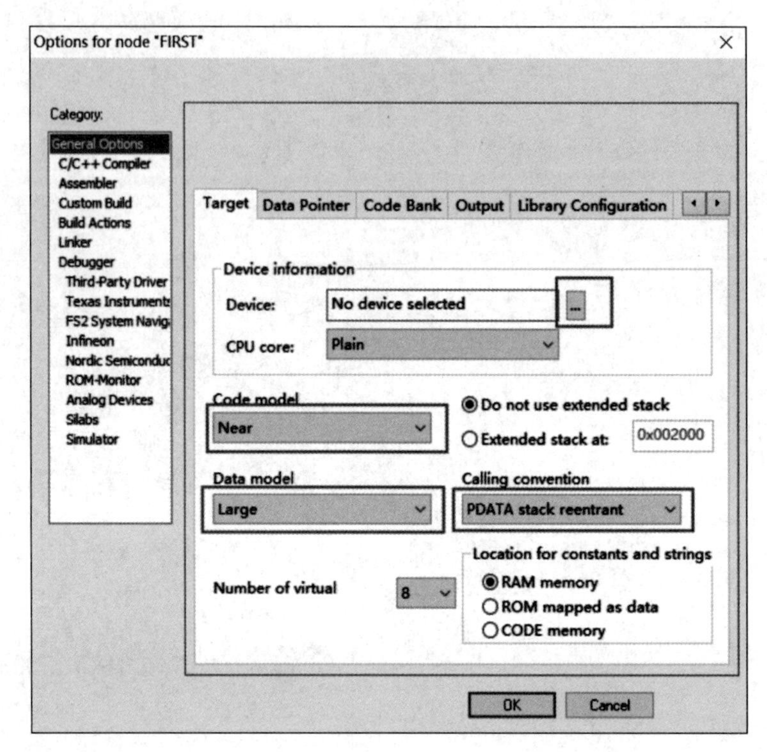

图 2-30 General Options 配置

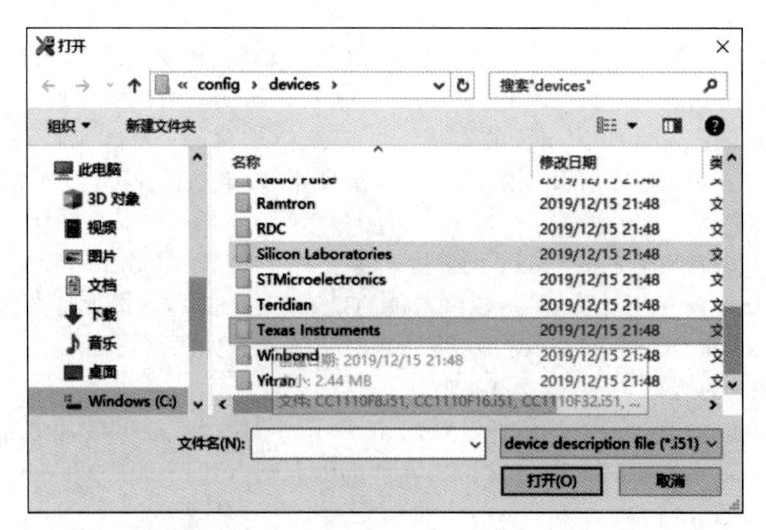

图 2-31 打开 Texas Instruments 文件夹

对话框中选中 Override default 复选框,然后单击浏览文件夹按钮,如图 2-33 所示;打开 Texas Instruments 文件夹,选择 lnk51ew_cc2530F256.xcl(与本书使用的 CC2530F256 芯片对应),如图 2-34 所示。

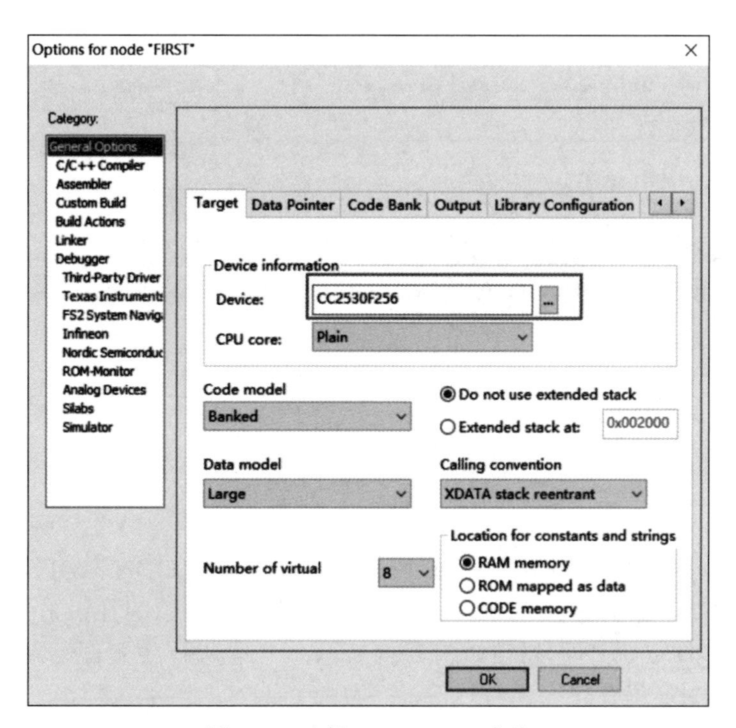

图 2-32　选择 CC2530F256 芯片

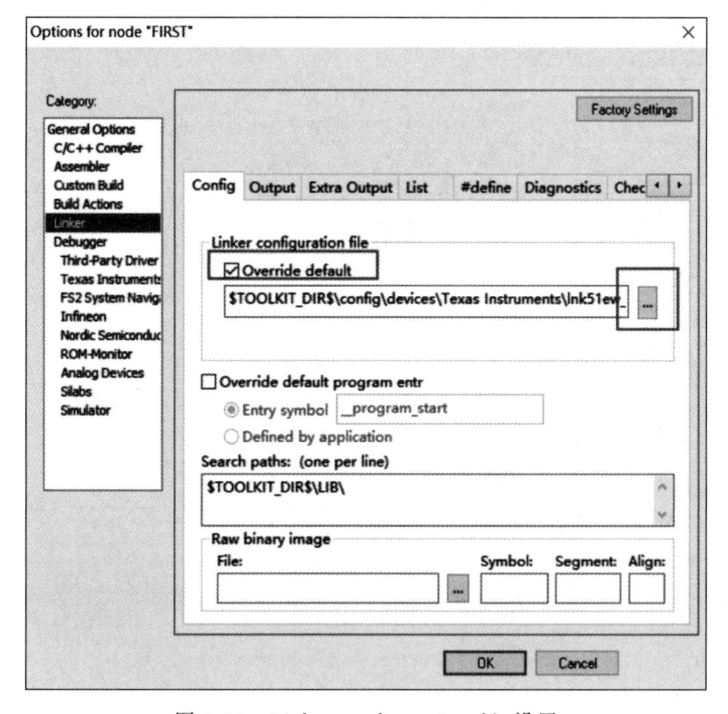

图 2-33　Linker configuration file 设置

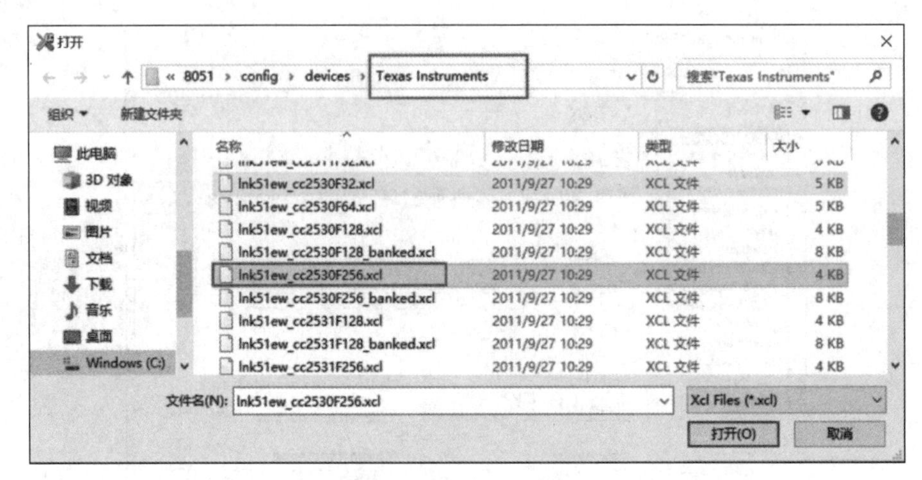

图 2-34 选择 lnk51ew_cc2530F256. xcl

（5）在 Debugger 选项 Setup 选项卡的 Driver 下拉列表里，选择 Texas Instruments(使用编程器仿真)，如图 2-35 所示。接着在 Device Description file 选项区域选择 io8051. ddf 文件，路径如图 2-36 所示。至此，基本配置已经完成，其他配置以后需要用到时会提及。

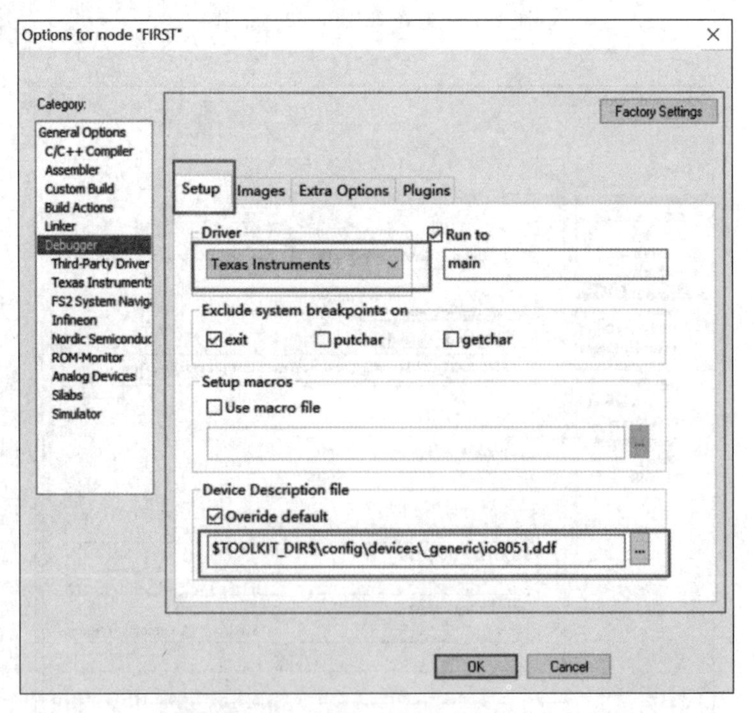

图 2-35 Debugger 选项的 Driver 设置

（6）下载仿真 FIRST 工程。首先单击 Project→Make，编译 FIRST 工程。编译无

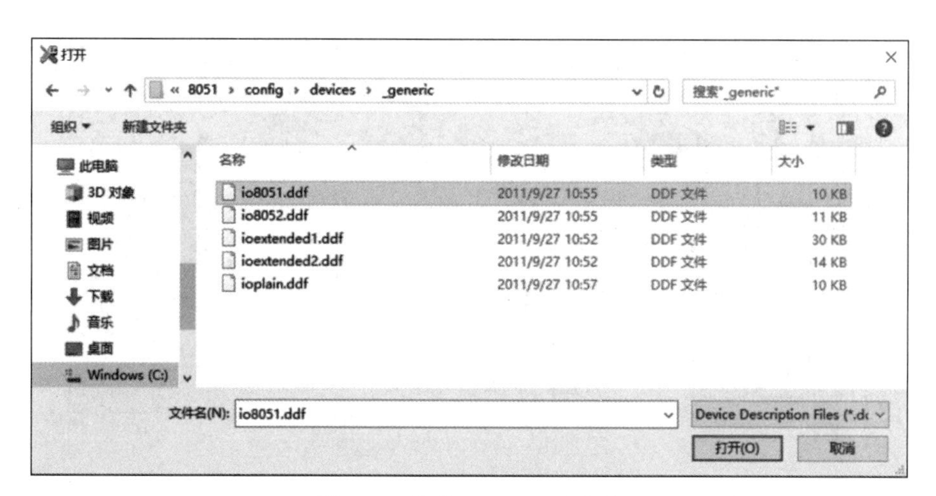

图 2-36　选择 io8051.ddf 文件

误后，即可进行硬件连接，再将程序烧写至 CC2530 开发板上，如图 2-37 所示。

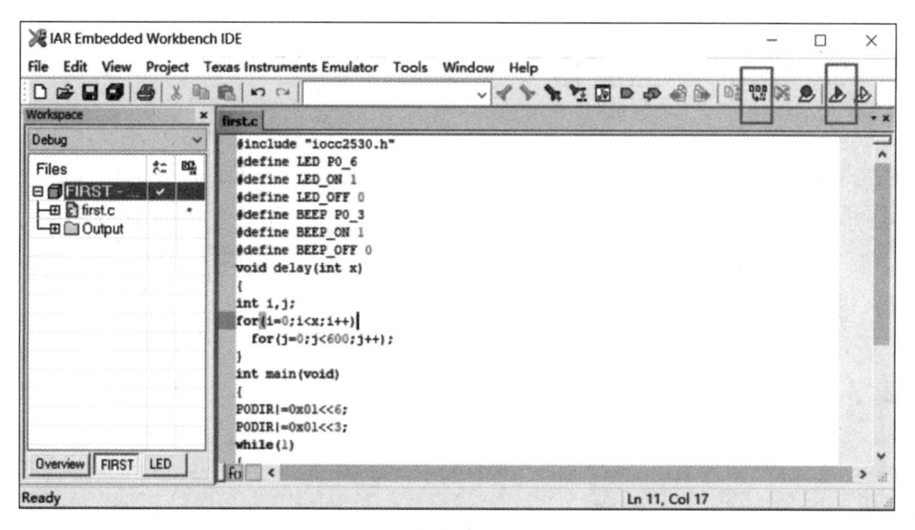

图 2-37　下载与仿真工具栏图标

查阅本书所使用的开发板配套的原理图，可知，CC2530 芯片的 P1_0 口连接板载 LED 灯，使用 P1_0 引脚控制 LED 亮灭。将仿真器 SRF04EB 插入开发板的下载接口，然后单击 Project→Download and Debug，即可开始程序下载。程序下载过程会出现进度条，并提示 Downloading and verifying application...，如无法开始下载，可尝试按下仿真器 SRF04EB 上的重置按钮和 CC2530 开发板上的重置按钮。

下载完成，进入仿真调试界面，常用按钮如图 2-38 所示。注意，调试程序时候会自动在 main()函数的第一条语句处出现断点，需要按快捷键 F5 继续运行。

运行效果：LED 间隔闪烁，蜂鸣器同步间隔鸣响。间隔时间通过代码中的 delay()函数进行了简单的延时。

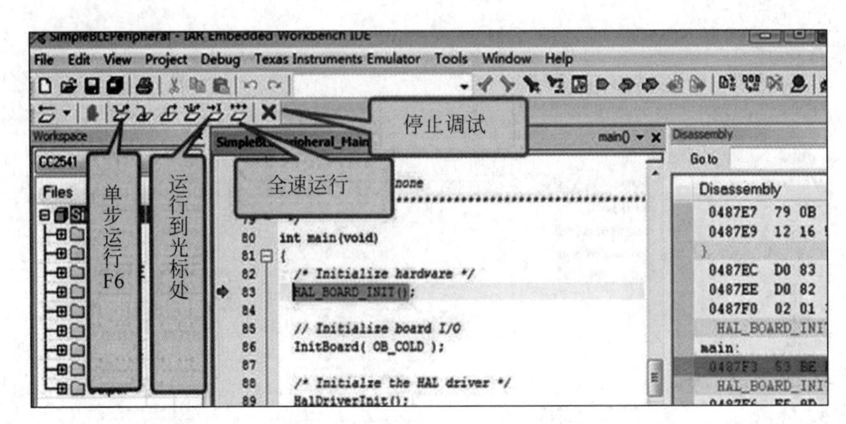

图 2-38 仿真调试常用按钮

至此，梳理了安装各种软件包，建立工程，调试和下载程序的大致步骤，后续的内容是基于 CC2530 的片上资源进行基础实践。

2.3 CC2530 片上实践

CC2530(无线片上系统单片机)是用于 IEEE 802.15.4、ZigBee 和 RF4CE 应用的片上系统(S0C)解决方案。芯片结合了 2.4GHz 的 RF 收发器和增强型 8051 单片机。本节主要针对 CC2530 的片上系统资源：输入、输出、定时器、串口通信和外部中断五个方面，进行实践演练。

2.3.1 LED 灯控制

CC2530 微控制器有 40 个引脚。其中的 P0 和 P1 是 8 位端口，可以配置使用其输入输出功能。下面的例子中，利用 P1 口作为 LED 灯的控制端，输出信号，点亮 LED 灯。通过 LED 灯控制的实验，可以对编译环境和程序架构有一定认识，了解 I/O 口基本设置，掌握寄存器的作用。

在微控制器内部，有一些特殊功能的存储单元，这些单元用来存放控制微控制器内部器件的命令、数据或运行过程中的一些状态信息，这些寄存器统称"特殊功能寄存器(SFR)"。操作微控制器的本质，就是对这些特殊功能寄存器进行读写操作，并且某些特殊功能寄存器可以位寻址。

每一个特殊功能寄存器本质上就是一个内存单元，而标识每个内存单元的是内存地址，不容易记忆。为了便于使用，每个特殊功能寄存器都有一个名称，在程序设计时，只要引入头文件 ioCC2530.h，就可以直接使用寄存器的名称访问内存地址。

CC2530 的通用 I/O 端口相关的常用寄存器有以下 4 个。

(1) PxSEL：端口功能选择，设置端口是通用 I/O 还是外设功能。

(2) PxDIR：作为通用 I/O 时，用来设置数据的传输方向。

(3) PxINP：作为通用输入端口时，选择输入模式是上拉、下拉还是三态。

(4) Px：数据端口，用来控制端口的输出或获取端口的输入。

点亮 LED 灯的操作需要将 LED 灯模块连接至 CC2530 开发板。LED 灯模块的典型原理如图 2-39 所示，P 口连接到 LED 灯的阳极，通过电阻进行限流。所以灯若是要亮，就需要 P 口做输出，并且输出高电平。可选用任意一个以 CC2530 为核心的开发板，将 LED 灯连接至其 I/O 口的引脚。原理图中的 LED 灯是一个发光二极管，其正极连接至 CC2530 开发板的 P1_0 和 P1_1 口，也可根据所选 CC2530 开发板的引出引脚，决定使用哪个 I/O 端口，并在程序中做出相应修改。

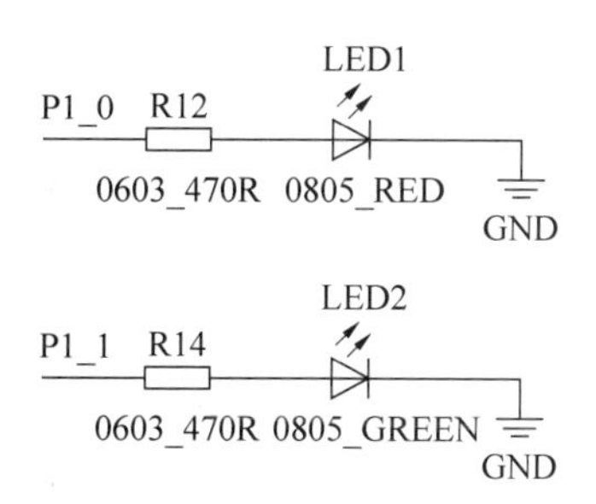

图 2-39　LED 原理图

通过 LED 部分原理图，了解 LED 灯与 CC2530 芯片的连接引脚，就可以查 CC2530 的芯片手册，去配置相关的寄存器了。

CC2530 的 I/O 口需要配置 3 种寄存器 PxSEL、PxDIR 和 PxINP(x 可以取 0,1,2,不同值对应不同引脚)。进行 LED 灯的控制需要查阅的 CC2530 芯片手册寄存器信息如表 2-1 所示。

表 2-1　CC2530 的 I/O 口寄存器信息

序号	CC2530 芯片手册中的寄存器信息
1	P0DIR(0xFD)-Port 0 Direction
2	P1DIR(0xFE)-Port 1 Direction
3	P0SEL(0xF3)-Port 0 Function Select
4	P1SEL(0xF4)-Port 1-Function Select
5	P2SEL(0xF5)-Port 2 Function Select and Port 1 Peripheral Priority Control
6	P0INP(0x8F)-Port 0 input mode
7	P1INP(0xF6)-Port 1 input mode
8	P0(0x80)-Port 0
9	P1(0x90)-Port 1
10	P2(0xA0)-Port 2

其中，PxSEL 是端口功能选择寄存器，端口可以配置为基本输入输出，或者是第二

特殊功能。

PxINP是做输入时候需要配置的寄存器，控制上拉、下拉以及三态，本实验暂时不用。

PxDIR是做基本I/O后的输入输出方向控制。

Px是具体的I/O端口，可以往里写数据，或者读数据，并且是可以位寻址的，方便操作。

目前遇到的寄存器并不多，可以轻松记住，但是以后会有更复杂的硬件模块，需要更多的寄存器来控制硬件，寄存器的数量会急速增加。基于CC2530的片上实践的开发思路是：寄存器分成控制类寄存器、状态类寄存器和数据类寄存器三大类。在LED灯控制中涉及的寄存器中，PxSEL、PxINP和PxDIR属于控制类寄存器；Px属于数据类寄存器，暂时没有涉及状态类寄存器。在后续的编程中要掌握把复杂问题简单化的思想。

对应LED灯控制功能，用到的寄存器名称及功能如表2-2所示。

表2-2 LED灯控制用到的寄存器名称及功能

寄存器名称	功　能
P1SEL(0xF4)	P1[7:0]功能设置寄存器，默认设置为普通I/O口
P1INP(0xF6)	P1[7:0]作为输入口时的电路模式寄存器
P1(0x90)	P1[7:0]可位寻址的I/O寄存器
P1DIR(0xFE)	P1口输入输出设置寄存器，0：输入，1：输出

按照表格寄存器的内容，对LED1，也就是P1_0口进行配置。当P1_0输出高电平时LED1被点亮，所以配置如下。

```
P1SEL &= ~0x01;          //LED1 连接的引脚 P1_0 作为普通 I/O 口
P1DIR |= 0x01;           //P1_0 定义为输出
```

由于CC2530寄存器初始化时默认是全零(大部分的寄存器默认情况都是全零)：

```
P1SEL = 0x00;
P1DIR = 0x00;
```

所以可以将I/O初始化指令简化为：

```
P1DIR |= 0x01;           //P1_0 定义为输出
```

但是一般建议显式地写出来。

在代码中采用了位运算符。通常在单片机的编程中，采用运算符&=进行清零(将寄存器的某位设为0，其余位不变)，采用运算符|=进行置位(将寄存器的某位设为1，其余位不变)。采用位与运算的好处如下。

位运算在嵌入式的开发中是很常见的操作。在LED灯控制功能中，只想让P1SEL寄存器的第0位设置为0，并不想改变其他的各个位，如果不使用位与运算，例

如写成 P1SEL=0；则会将 P1 口的八位都设置成 0，就会把所有的位都设置成通用 I/O 功能了。但有可能 P1 口的 P1_1 还会是第二功能引脚。所以，当只是想改变 P1_0 而不想影响其他位，就要用 P1SEL&=～0x01 按位与运算，只将 P1 口的第 0 位清零。那么，为什么还用到按位取反(～0x01)操作呢？原因是为了增强程序可读性，给编程思路增加便利性(因为通常看到 1，会认为是要进行某种操作了，看到 0，认为不操作，即掩码)。假设想设置第 6 位为 0，如果写成“P1SEL &=0xFFBF;”，会感觉 FFBF 这种掩码计算非常繁琐，可读性不强。因此，这里适合加上左移及取反操作，写成“P1SEL &= ～(0x01 << 6)”，不用计算掩码，把 1 移动到要清零的位置，再取反，即可实现使 P1 口的第 6 位清零的操作。如要 P1SEL 寄存器的第 6 位置为 1，其他位保持不变，则用 P1SET|=(0x01 << 6)。在清零和置位的操作中注意运算的优先级，可加括号明确优先级顺序。

下面附上源码，LED 灯控制的功能简单，代码较少，因此附上全部的代码，以后会酌情附上主要代码。

【程序 2-2】 点亮 LED1 灯。

```
/*****************************************
程序描述:点亮 LED1
*****************************************/
  #include < ioCC2530.h >
  #define LED1 P1_0         //定义 P1_0 口为 LED1 控制端 做成宏,当端口
  void IO_Init(void)
  {
    P1SEL &= ～0x03;        //LED1 连接的引脚 P1_0 作为普通 IO 口
                            //LED2 连接的引脚 P1_1 作为普通 IO 口
    P1DIR |= 0x03;          //P1_0 定义为输出,P1_1 定义为输出
    P1 = 0;                 //LED1,LED2 全熄灭
  }
  void main(void)
  {
    IO_Init();              //调用初始化程序
    LED1 = 1;               //点亮 LED1
    while(1);
}
```

将【程序 2-2】稍加修改，增加 delay()函数，即可实现 LED 灯的间隔闪烁。

【程序 2-3】 LED 灯间隔闪烁。

```
#include "iocc2530.h"
#define LED P0_6
#define LED_ON 1
#define LED_OFF 0
void delay(int x)
{
```

```
    int i,j;
    for(i = 0;i < x;i++)
        for(j = 0;j < 600;j++);
}
int main(void)
{
    P0DIR| = 0x01 << 6;
    while(1)
    {
        LED = LED_ON;delay(200);
        LED = LED_OFF;delay(200);
    }
    while(1);
}
```

2.3.2 按键检测

独立式按键如图 2-40 所示，是直接用 I/O 口线构成的单个按键电路，其特点是每个按键单独占用一根 I/O 口线，适合于 8 键以下使用；矩阵式按键如图 2-41 所示，由行线和列线组成，按键位于行线、列线的交叉点上，在按键数量较多时，矩阵式键盘较之独立式按键键盘要节省很多 I/O 口，适合于 8 个键以上使用。

图 2-40 独立式按键

图 2-41 矩阵式按键

如图 2-42 所示，矩阵式键盘按键多时，例如图 2-42 中 4×4 个按键，只需要 8 个引脚，节省 I/O 线，但编程复杂。

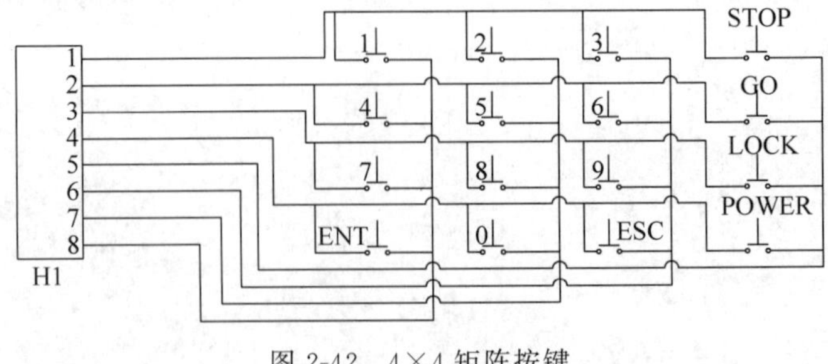

图 2-42 4×4 矩阵按键

更多的时候,使用矩阵键盘可以节省有限的 I/O 接口。行列式矩阵键盘的基本扫描原理如下。

(1) 判断键盘中有无键按下：将全部行线(P0 口的 1～4)置低电平,然后检测列线(P0 口的 5～8)的状态。换句话说就是行线做输出,列线做回读。当只要有一列的电平为低,则表示键盘中有键被按下,而且闭合的键位于低电平线与 4 根行线相交叉的 4 个按键之中。若所有列线均为高电平,则键盘中无键按下。

(2) 判断闭合键所在的位置：在确认有键按下后,即可进入确定具体闭合键的过程。其方法是：依次将行线置为低电平,即在置某根行线为低电平时,其他线为高电平。在确定某根行线位置为低电平后,再逐行检测各列线的电平状态。若某列为低,则该列线与置为低电平的行线交叉处的按键就是闭合的按键。

本节中针对 4×4 矩阵式按键进行检测,检测按键是否按下的状态,利用 CC2530 的 I/O 引脚的输入功能。按键按下时,绿色 LED 灯亮,红灯灭；其他情况下红色 LED 灯亮,绿灯灭。利用 CC2530 的 I/O 引脚输出功能实现对 LED 灯的亮灭控制。仍然借助 CC2530 用户手册,查询输入输出功能的用法,需要查询的寄存器说明如表 2-3 所示。

表 2-3　矩阵式按键检测需要查询的寄存器信息

序号	CC2530 芯片手册中的寄存器信息
1	P0DIR(0xFD)-Port 0 Direction
2	P1DIR(0xFE)-Port 1 Direction
3	P0SEL(0xF3)-Port 0 Function Select
4	P1SEL(0xF4)-Port 1-Function Select
5	P2SEL(0xF5)-Port 2 Function Select and Port 1 Peripheral Priority Control
6	P0(0x80)-Port 0
7	P1(0x90)-Port 1
8	P2(0xA0)-Port 2

按键检测功能的实现要用到 P0 口和 P1 口。P0 口用于 4×4 矩阵键盘的行列扫描,P1 口的第 0 位连接绿色 LED 灯,第 1 位连接红色 LED 灯。程序采用轮询的方式检测按键状态,不能同时执行其他任务功能。

【程序 2-4】 按键检测。

```
/**************************************************************
按下 power 键绿灯亮,红灯灭.其他情况红灯亮,绿灯灭.
**************************************************************/
#include <ioCC2530.h>

#define LED1 P1_0                //定义 P1_0 口为 LED1 控制端 做成宏,连接 绿色 LED 灯
#define LED2 P1_1                //定义 P1_1 口为 LED2 控制端 做成宏,连接 红色 LED 灯


#define KEY_PORT P0              //P0 口别名定义,做输出,方便以后换其他引脚
```

```
#define KEY_DDR P0DIR                                   //方向寄存器别名定义
#define KEY_PIN P0                                      //P0 口别名定义,做输入

typedef unsigned char uint8_t ;                         //类型重新定义,方便移植

const uint8_t setSta_[4] = {0xfe,0xfd,0xfb,0xf7};       //用作输出
const uint8_t getSta_[4] = {0x70,0xb0,0xd0,0xe0};       //用作回读

//键值编码
#define KEY1 0
#define KEY2 1
#define KEY3 2
#define KEY_STOP 3
#define KEY4 4
#define KEY5 5
#define KEY6 6
#define KEY_GO 7
#define KEY7 8
#define KEY8 9
#define KEY9 10
#define KEY_LOCK 11
#define KEY_ENT 12
#define KEY_0 13
#define KEY_ESC 14
#define KEY_POWER 15

uint8_t getKeyVal()
{
    uint8_t i,j,getSta,keyVal;
    KEY_PORT = 0xFF;
    KEY_DDR = 0x0F;                                     //P0 低 4 位作为输出,高 4 位作为输入
    for(i = 0;i < 4;i++)
    {
        KEY_PORT = setSta_[i];                          //逐行拉低,确定行号
        if(KEY_PIN!= setSta_[i])                        //回读查看高四位情况是否不为全 1
        {
            getSta = KEY_PIN&0xf0;                      //得到高 4 位数据
            for(j = 0;j < 4;j++)
                if(getSta == getSta_[j])                //按照键码来确定具体列号
                {
                    keyVal = j + i * 4;
                    return keyVal;
                }
        }
    }
    return 0xFF;                                        //无有效按键返回 0xff
}
```

```
void IO_Init(void)
{
  P1SEL &= ~0x03;                          //LED1 连接的引脚 P1_0 作为普通 I/O 口
                                           //LED2 连接的引脚 P1_1 作为普通 I/O 口
  P1DIR |= 0x03;                           //P1_0 定义为输出,P1_1 定义为输出
  P1 = 0;                                  //LED1,LED2 全熄灭

}

void main(void)
{
  uint8_t keyValue = 0;
  IO_Init();                               //调用初始化程序
  while(1)
  {

    keyValue = getKeyVal();
    if (keyValue == KEY_POWER)
    {
      LED1 = 1;                            //点亮 LED1
      LED2 = 0;                            //熄灭 LED2
    }
    else
    {
      LED2 = 1;                            //点亮 LED2
      LED1 = 0;                            //熄灭 LED1
    }
  }
}
```

2.3.3　外部中断

微处理器(CC2530)与外设(如按键)之间的主要交互方式有两种：轮询和中断。轮询的工作方式下,微处理器必须通过不断的查询,才能得知外部设备的工作状态。这种方式固然简单,却存在以下缺点。

(1) 由于外设和微处理器的工作速度相差巨大,因此在查询过程中,微处理器长期处于踏步等待状态,使系统效率大大降低。

(2) 微处理器在一段时间内只能和一个外设交换信息,其他外设不能同时工作。

(3) 不能发现和处理预先无法估计的错误和异常情况。

中断系统使得微处理器具备了应对突发事件的能力。微处理器在执行当前程序时,由于出现了某种急需处理的情况,微处理器暂停正在执行的程序,转而去执行另外一段特殊程序来处理出现的紧急事务,处理结束后,微处理器自动返回原来暂停的程

序中继续执行。这种程序在执行过程中由于外界的原因而被迫中断的情况，称为中断。

中断有如下两个重要的概念。

（1）中断服务函数：内核响应中断后执行的相应处理程序。

（2）中断向量：中断服务程序的入口地址。每个中断源都对应一个固定的入口地址。当内核响应中断请求时，就会暂停当前的程序执行，然后跳转到该入口地址执行代码。

从表面上看，中断类似于程序设计中的子程序调用，但是它们之间有着本质的区别，具体如下。

（1）子程序的调用是程序员事先安排好的，而中断是随机产生的。

（2）子程序的执行受到主程序或上层子程序的控制，而中断服务程序一般与被中断的现行程序无关。

（3）不存在同时调用多个子程序的情况，而有可能发生多个外设同时请求微处理器为自己服务的情况。

总之，中断的处理比子程序的调用复杂得多。

CC2530 具有 18 个中断源，每个中断源都由各自的一系列特殊功能寄存器来进行控制。可以编程设置相关特殊功能寄存器，设置 18 个中断源的优先级以及使能中断申请响应等。

中断服务函数与一般自定义函数不同，有特定的书写格式：

```
#pragma vector = 中断向量
__interrupt void 函数名称(void)
{
//在此处编写中断处理函数的具体程序
}
```

本节中的例程利用外部中断机制，检测按键按下的状况，按键按下时，LED 灯亮灭状态发生改变。之前描述的键盘扫描是轮询式的键盘扫描过程，需要通过软件循环检测，这样程序的效率并不高。在实际开发时更倾向事件驱动型的控制，当按键事件来临的时候由硬件自动感知并触发相应的处理。这就需要把连接按键的引脚配置为特殊的功能即外部中断。

此外，本例程采用的按键为机械弹性开关，当机械触点断开、闭合时，由于机械触点的弹性作用，一个按键开关在闭合时不会马上稳定地接通，在断开时也不会一下子断开。因而在闭合及断开的瞬间均伴随一连串的抖动，如图 2-43 所示。为了不产生这种现象而采取的措施就是按键消抖。

需要通过 10ms 的延时去除抖动时间，同时开关动作时间要大于 100ms。在没有利用 CC2530 的定时器功能的情况下，可以通过 CC2530 指令周期，计算得出，执行 587 条指令的时长为 1ms。简单设计一段延时函数定时 1ms，开关的消抖时间和动作时间均调用该延时函数，按 ms 计时。

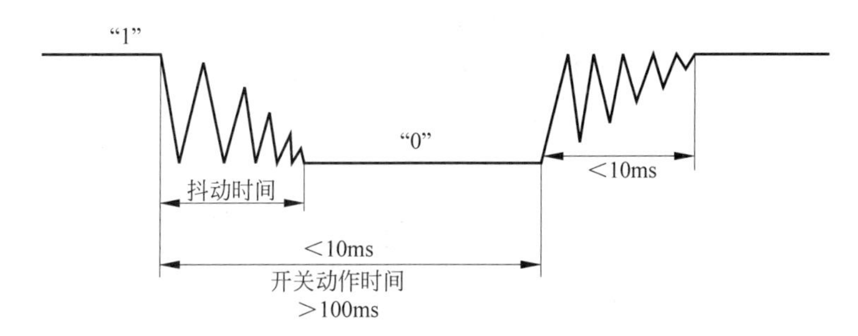

图 2-43　机械按键的抖动

```
/****************************
//延时函数
******************************/
void Delayms(uint xms)          //i = xms 即延时 ims,i > 100
{
  uint i,j;
  for(i = xms;i > 0;i -- )
  for(j = 587;j > 0;j -- );     //延时 1ms
}
```

如图 2-44 所示,按键未按下,读相应引脚读到 1;按键按下,会读到 0。这就产生了一个下降沿,可以利用下降沿来触发中断。

7.4 General-Purpose I/O Interrupts

General-purpose I/O pins configured as inputs can be used to generate interrupts. The interrupts can be configured to trigger on either a rising or falling edge of the external signal. Each of the P0, P1, and P2 ports has port interrupt-enable bits common for all bits within the port located in the IEN1–IEN2 registers as follows:

- IEN1.P0IE: P0 interrupt enable
- IEN2.P1IE: P1 interrupt enable
- IEN2.P2IE: P2 interrupt enable

In addition to these common interrupt enables, the bits within each port have individual interrupt enables located in SFR registers P0IEN, P1IEN, and P2IEN. Even I/O pins configured as peripheral I/O or general-purpose outputs have interrupts generated when enabled.

图 2-44　IO 端口的中断功能

针对 CC2530 的片上中断资源进行编程,需要查阅 CC2530 芯片手册的"中断"相关章节,利用通用 I/O 口的第二功能,即中断功能。芯片手册的截图如图 2-44 和 2-45 所示。

www.ti.com　　*General-Purpose I/O DMA*

When an interrupt condition occurs on one of the I/O pins, the interrupt status flag in the corresponding P0–P2 interrupt flag register, P0IFG, P1IFG, or P2IFG, is set to 1. The interrupt status flag is set regardless of whether the pin has its interrupt enable set. When an interrupt is serviced, the interrupt status flag is cleared by writing a 0 to that flag. This flag must be cleared prior to clearing the CPU port interrupt flag (PxIF).

The SFR registers used for interrupts are described later in this section. The registers are summarized as follows:

- P0IEN: P0 interrupt enables
- P1IEN: P1 interrupt enables
- P2IEN: P2 interrupt enables
- PICTL: P0, P1, and P2 edge configuration
- P0IFG: P0 interrupt flags
- P1IFG: P1 interrupt flags
- P2IFG: P2 interrupt flags

图 2-45　IO 端口的中断引脚功能

根据芯片手册中关于中断的使用方式，在外部中断的编程过程中需要配置的寄存器有 P0IEN、PICTL、P0IFG 和 IENx。其他 I/O 口配置与 2.3.1 小节和 2.3.2 小节内容相似。关于 I/O 口作中断的使用参数，需要在 CC2530 手册中查找如下信息，如表 2-4 所示。

表 2-4 CC2530 芯片手册中的中断相关寄存器信息

序号	CC2530 芯片手册中的寄存器信息
1	IEN1(0xB8)-Interrupt Enable 1
2	IEN2(0x9A)-Interrupt Enable 2
3	P0IEN(0xAB)-Port 0 Interrupt Mask
4	P1IEN(0x8D)-Port 1 Interrupt Mask
5	P2IEN(0xAC)-Port 2 Interrupt Mask
6	PICTL(0x8C)-Port Interrupt Control
7	P0IFG(0x89)-Port 0 Interrupt Status Flag
8	P1IFG(0x8A)-Port 1 Interrupt Status Flag
9	P2IFG(0x8B)-Port 2 Interrupt Status Flag
10	IRCON(0xC0)-Interrupt Flags 4

在中断方式下编程涉及的寄存器较多，可以归类为：控制类寄存器 IENx、PxIEN 和 PICTL，状态类寄存器 PxIFG。

CC2530 的 P0、P1 和 P2 端口中的每个引脚都具有外部中断输入功能，要使某些引脚具有外部中断功能，需要对 IENx 寄存器、PxIEN 寄存器和 PICTL 寄存器进行适当的设置。除了各个中断源都有自己的中断使能开关之外，中断系统还有一个总开关，可以用“EA＝1;”打开总中断。

P0、P1 和 P2 端口分别使用 P0IF、P1IF 和 P2IF 作为中断标志位，任何一个端口组上的引脚产生外部中断时，都会将对应端口组的中断标志自动置位。注意，外部中断标志必须在中断服务函数中手工清除，否则 CPU 会反复进入中断。端口状态标志寄存器 P0IFG、P1IFG 和 P2IFG，分别对应 3 个端口中各引脚的中断触发状态，当某引脚发生外部中断触发时，对应的标志位会自动置位，这个标志同样需要手工清除。

本小节利用外部中断完成按键控制 LED 灯的功能，优化 2.3.2 小节中利用轮询的方式进行按键检测。采用 P0 口的中断功能，当有按键按下时，触发中断，进入中断服务程序，点亮 LED 灯。用到的寄存器如表 2-5 所示。

表 2-5 中断寄存器的使用方式

寄存器名称	使用方式
P0IEN(0xAB)	P0[7：0]中断掩码寄存器 0：关中断　1：开中断
PICTL(0x8C)	P 口的中断触发控制寄存器 Bit0 为 P0[0:7]的中断触发配置： 0：上升沿触发　1：下降沿触发

续表

寄存器名称	使用方式
P0IFG(0x89)	P0[7:0]中断标志位,在中断发生时,相应位置 1
IEN1(0xB8)	Bit5 为 P0[7:0]中断使能位:0:关中断 1:开中断

对 LED1(连接 P1.0)和按键 S1(连接 P0.0)的相应接口进行配置,达到按键按下 LED 灯亮灭改变一次的效果。配置如下。

LED1 初始化:

```
P1DIR |= 0x01;                  //P1_0 定义为输出
```

外部中断初始化:

```
IEN1 |= 0x01 << 5;              //允许 P1 口中断
P0IEN |= 0x01;                  //P1_0 中断使能
PICTL |= 0x01 << 0;             //下降沿触发
P0IFG &= ~(0x01);               //中断标志位清零
EA = 1;                         //开总中断
```

【程序 2-5】 中断方式检测按键,改变 LED 状态。

```
源程序代码(全)
/******************************************
程序描述:按键 S1 外部中断方式改变 LED1 状态
******************************************/
#include <ioCC2530.h>
typedef unsigned int uint;
typedef unsigned char uchar;
//定义控制 LED 灯的端口
#define LED1 P1_0                   //定义 LED1 为 P1.0 口控制
#define KEY1 P0_0                   //中断口 使用宏改引脚很方便
//函数声明
void Delayms(uint);                 //延时函数
void InitLed(void);                 //初始化 P1 口
void KeyInit();                     //按键初始化
uchar KeyValue = 0;
/****************************
//延时函数
****************************/
void Delayms(uint xms)              //i = xms 即延时 i 毫秒
{
  uint i,j;
  for(i = xms;i > 0;i -- )
  for(j = 587;j > 0;j -- );
}
```

```
/*****************************
LED 初始化程序
*****************************/
void InitLed(void)
{
  P1DIR |= 0x01;                    //P1_0 定义为输出
  LED1 = 0;                         //LED1 灯熄灭
  //P0 = 3;
}
/*****************************
KEY 初始化程序 - 外部中断方式
*****************************/
void InitKey()
{
  IEN1 |= 1 << 5;                   //允许 P1 口中断
  P0IEN |= 1;                       //P1_0 中断使能
  PICTL |= 1 << 0;                  //下降沿触发
  P0IFG &= ~1;                      //中断标志位清零
  EA = 1;                           //开总中断
}
/*****************************
中断处理函数
*****************************/
#pragma vector = P0INT_VECTOR       //固定格式:#pragma vector = 中断向量,紧接
                                      着是中断处理函数
__interrupt void P0_ISR(void)       //中断处理函数,以两个下画线开头
{
  Delayms(100);                     //去除抖动
  if(KEY1 == 0)
  {
    LED1 = ~LED1;                   //改变 LED1 状态
    P0IFG &= ~1;                    //清中断标志
    P0IF = 0;                       //清中断标志
  }
}
/*****************************
主函数
*****************************/
void main(void)
{
  InitLed();                        //调用初始化函数
  InitKey();
  while(1);                         //等待外部中断
}
```

2.3.4 定时器

在 2.3.1 小节中，编程利用 I/O 口输出信号，控制 LED 灯的间隔闪烁。间隔时长采用 delay()函数完成，在 delay()函数中采用一段嵌套的空循环语句完成延时，时长无法精确定义。如在 CC2530 的编程中要精确定义延时时长，则要用到 CC2530 的定时器资源。根据数据手册可知 CC2530 总共有 4 个定时器，但是定时器 2 被系统占用，可用的只有 3 个，分别为定时器 1、定时器 3 和定时器 4。本节将利用定时器 T1 完成查询方式的定时，进行精确定时，使 LED 灯以周期 1s 的方式闪烁。下面将利用定时器 T1 的查询方式，精确定时 1s，使 LED 灯间隔闪烁。

根据 CC2530 芯片手册，需要查询如表 2-6 所示的与定时器相关的寄存器的用法，并在程序中根据手册的规定进行相关设置。

表 2-6 CC2530 中与定时器相关寄存器信息

序号	CC2530 芯片手册中的寄存器信息
1	T1CTL(0xE4)-Timer 1 Control
2	T1STAT(0xAF)-Timer 1 Status
3	IRCON(0xC0)-Interrupt Flags 4

CC2530 的 T1 定时器(16 位)需要配置 3 个寄存器 T1CTL、T1STAT、IRCON。对应 T1 定时器，需要对这 3 个寄存器进行配置，配置参数如表 2-7 所示。

表 2-7 定时器 T1 的配置参数

寄存器名称	配置参数
T1CTL(0xE4)	Timer1 控制寄存器：
	Bit3：Bit2：定时器时钟分频倍数选择：
	00：不分频 01：8 分频 10：32 分频 11：128 分频
	Bit1：Bit0：定时器模式选择： 00：暂停 01：自动重装 0X0000～0XFFFF 10：比较计数 0X0000～T1CC0 11：PWM 方式
T1STAT(0xAF)	Timer1 状态寄存器：
	Bit5：OVFIF 定时器溢出标志，在计数器达到计数终值时硬件置 1
	Bit4：定时器 1 通道 4 中断标志位 Bit3：定时器 1 通道 3 中断标志位 Bit2：定时器 1 通道 2 中断标志位 Bit1：定时器 1 通道 1 中断标志位 Bit0：定时器 1 通道 0 中断标志位
IRCON(0xCo)	中断标志位寄存器

按照表格内容，对 LED1 和定时器 1 寄存器进行配置，通过定时器 T1 查询方式控制 LED1 以 1s 的周期闪烁，具体配置如下。

LED1 的初始化：

```
P1DIR| = 0x01;                    //P1_0 定义为输出
```

定时器 1 初始化：

```
T1CTL = 0x0d;                     //128 分频,自动重装 0X0000～0XFFFF
T1STAT = 0x21;                    //通道 0,中断有效
```

【程序 2-6】 查询方式精确定时控制 LED 灯闪烁。

```
源程序代码(全)
/***************************************
程序描述:通过定时器 T1 查询方式控制
LED1 周期性闪烁
***************************************/
#include <ioCC2530.h>
typedef unsigned int uint;
typedef unsigned char uchar;
//定义控制 LED 灯的端口
#define LED1 P1_0
//函数声明
void Delayms(uint xms);
void InitLed(void);
void InitT1();
/*****************************
//延时函数
*****************************/
void Delayms(uint xms)              //i = xms 即延时 i ms
{
uint i,j;
    for(i = xms;i > 0;i -- )
        for(j = 587;j > 0;j -- );
}

/*****************************
//初始化程序
*****************************/
void InitLed(void)
{
  P1DIR | = 0x01;                   //P1_0 定义为输出
  LED1 = 0;                         //LED1 灯初始化熄灭
}
```

```
//定时器初始化
void InitT1(void)                  //系统不配置工作时钟时使用内部 RC 振荡器,即 16MHz
{
  T1CTL = 0x0d;                    //128 分频,自动重装 0X0000～0XFFFF
  T1STAT = 0x21;                   //通道 0,中断有效
}
/****************************
主函数
****************************/
void main(void)
{
  uchar count;
  InitLed();                       //调用初始化函数
  InitT1();
  while(1)
  {
    if(IRCON > 0)                  //查询方式
    {
      IRCON& = ~1 < 1;             //清中断
      if(++count == 1)             //约 1s 周期性闪烁
      {
      count = 0;
      LED1 = !LED1;                //LED1 闪烁
      }
    }
  }
}
```

系统在不配置工作频率时，默认系统不配置工作时钟时使用内部 RC 振荡器，即 16MHz，定时器每次溢出时 $T=\frac{1}{16M/128}\times 65536\approx 0.5(s)$，总时间 $Ta=T\times count=0.5\times 1=0.5(s)$切换 1 次状态。因此，看起来是 1s 闪烁 1 次。

观察以上代码，可以看出，采用了 CC2530 的定时器 T1，完成了时长 1s 的精确定时，替代了 2.3.1 小节中的 delay()函数。但采用的定时方式是查询方式。即在程序执行过程中只能不断查询是否到达定时时长，无法完成其他逻辑功能。

下面将利用 CC2530 的定时器 T3，采用中断方式进行精确定时操作，控制 LED 灯亮灭。CC2530 的 T3/T4 是 8 位的定时器，定时器 T3 在中断方式下工作，需要查找 CC2530 芯片手册，明确以下寄存器的使用方式如表 2-8 所示。

表 2-8　CC2530 手册中 T3 定时器的相关寄存器信息

序号	CC2530 芯片手册中的寄存器信息
1	T3CTL(0xCB)-Timer 3 Control
2	T3CCTL0(0xCC)-Timer 3 Channel 0 Capture/Compare Control

续表

序号	CC2530芯片手册中的寄存器信息
3	T3CC0(0xCD)-Timer 3 Channel 0 Capture/Compare Value
4	IEN1(0xB8)-Interrupt Enable 1

主要配置寄存器T3CTL、T3CCTL0和T3CC0，参数设置如表2-9所示。

表2-9　定时器T3的寄存器参数设置

寄存器名称	寄存器参数设置
T3CTL(0xCB)	Timer3控制寄存器：
	Bit7：Bit5：定时器时钟分频倍数选择：
	000：不分频　001：2分频　010：4分频　011：8分频 100：16分频　101：32分频　110：64分频　111：128分频
	Bit4：T3起止控制位
	Bit3：溢出中断掩码　0：关溢出中断　1：开溢出中断
	Bit2：清计数值 高电平有效
	Bit1：Bit0：T3模式选择 00：自动重装0x00～0xFF 01：DOWN（从T3CC0到0x00计数一次） 10：模计数(反复从0x00到T3CC0计数) 11：UP/DOWN(反复从0x00到T3CC0计数再到0x00)
T3CCTL0(0xCC)	T3通道0捕获/比较控制寄存器：
	Bit6：T3通道0中断掩码　0：关中断　1：开中断
	Bit5：Bit3：T3通道0比较输出模式选择
	Bit2：T3通道0模式选择　0：捕获　1：比较
	Bit1：Bit0：　T3通道0捕获模式选择 00没有捕获　01上升沿捕获 10下降沿捕获　11边沿捕获
T3CC0(0xCD)	T3通道0捕获/比较值寄存器

与【程序2-6】中T1定时器查询方式的区别是此处使用T3定时器(8位)，中断方式。寄存器配置如下。

```
T3CTL |= 0x08;      //开溢出中断 注意或操作只关注写1的位
T3IE = 1;           //开T3中断
T3CTL |= 0XE0;      //128分频,128/16000000 * N = 0.5s,N = 65200
T3CTL &= ~0X03;     //自动重装00→0xff 65200/256 = 254(次)注意与操作关注哪些位置成了0
T3CTL |= 0X10;      //启动 配置完毕后再启动
EA = 1;             //开总中断
```

【程序2-7】 利用定时器T3，中断方式控制LED灯。

```
/****************************************
程序描述:利用定时器 T3 中断方式控制
LED1 状态周期性改变
****************************************/
#include<ioCC2530.h>
#define LED1 P1_0
//定时器初始化
void InitT3()
{
  T3CTL |= 0x08 ;                    //开溢出中断
  T3IE = 1;                          //开 T3 中断
  T3CTL|= 0XE0;                      //128 分频,128/16000000*N=0.5s,N=65200
  T3CTL &= ~0X03;                    //自动重装 00->0xff 65200/256=254(次)
  T3CTL |= 0X10;                     //启动
  EA = 1;                            //开总中断
}
/****************************
LED 初始化程序
****************************/
void InitLed(void)
{
  P1DIR |= 0x01;                     //P1_0 定义为输出
  LED1 = 0;                          //LED1 灯熄灭
}

/***************************
//主函数
***************************/
void main(void)
{
  InitLed();                         //调用初始化函数
  InitT3();
  while(1){ }
}
/**************************************
中断函数
**************************************/
#pragma vector = T3_VECTOR           //定时器 T3
__interrupt void T3_ISR(void)
{
  static unsigned char count = 0;
  IRCON = 0x00;                      //清中断标志, 也可由硬件自动完成
  if(++count>254) //254 次中断后 LED 取反,闪烁一轮(时间约为 0.5s)
  {
  count = 0;                         // 计数清零
  LED1 = ~LED1;
  }
}
```

2.3.5 串口通信

微控制器与外设之间的数据通信，根据连线结构和传送方式的不同，可以分为两种：并行通信和串行通信。

- 并行通信：指数据的各位同时发送或接收，每个数据位使用单独的一条导线。传输速度快、效率高，但需要的数据线较多，成本高。
- 串行通信：指数据一位接一位地顺序发送或接收。需要的数据线少，成本低，但传输速度慢，效率低。

CC2530 有两个串行通信接口 USART0 和 USART1，它们能够分别运行于异步 UART 模式或者同步 SPI 模式。两个 USART 接口具有相同的功能，通过 PERCFG 寄存器可以设置两个 USART 接口对应外部 I/O 引脚的映射关系。

下面利用 CC2530 通过串口资源，向上位机(PC)发送字符串，PC 用串口调试助手观察 CC2530 通过串口发来的字符串信息。

CC2530 外接 PL2303USB 转串口模块，完成串口的数据发送和接收。PL2303 模块的电路图如图 2-46 所示。

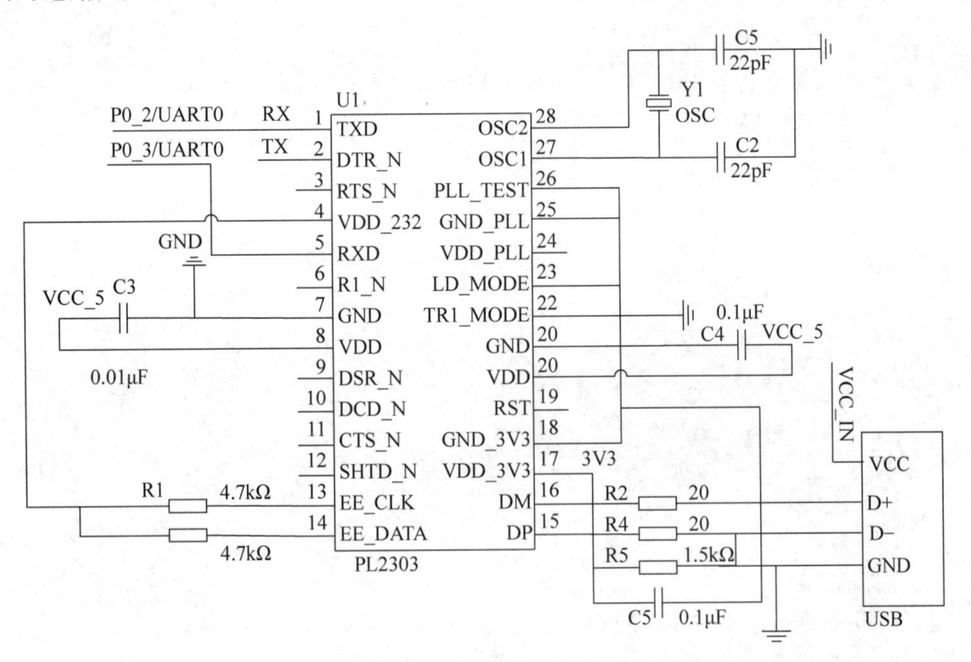

图 2-46 PL2303 模块电路图

CC2530 的 I/O 口需要配置寄存器 P0IEN、PICTL、P0IFG 和 IEN1。I/O 口配置请参考 2.3.1 小节和 2.3.2 小节教程内容。需要把串口收发使用的引脚设置成跟串口对应的功能。

UART0 对应的外部设备 I/O 引脚的映射关系如下。

P0_2——RX，串口 0 的接收引脚；P0_3——TX，串口 0 的发送引脚。

UART1 对应的外部设备 I/O 引脚的映射关系为如下。

P0_5——RX，串口 1 的接收引脚；P0_4——TX，串口 1 的发送引脚。

USART 模式的操作具有下列特点如下。

(1) 8 位或者 9 位负载数据。

(2) 奇校验、偶校验或者无奇偶校验。

(3) 配置起始位和停止位电平。

(4) 配置 LSB 或者 MSB 首先传送。

(5) 独立收发中断。

(6) 独立收发 DMA 触发。

注意：在本节例程中，用到的是 UART0。

CC2530 配置串口的步骤如下。

(1) 配置 I/O，使用外部设备功能。此处配置 P0_2 和 P0_3 用作串口 UART0。

(2) 配置相应串口的控制和状态寄存器。此处配置 UART0 的相关寄存器。

(3) 配置串口工作的波特率。此处配置为波特率为 115200b/s。

根据 CC2530 芯片手册，需要查询如表所示的和定时器相关的寄存器的用法，在程序中根据手册的规定进行相关设置，如表 2-10 所示。

表 2-10 CC2530 芯片手册中串口相关寄存器信息

序号	CC2530 芯片手册中的寄存器信息
1	CLKCONCMD(0xC6)-Clock Control Command
2	CLKCONSTA(0x9E)-Clock Control Status
3	U0CSR(0x86)-USART 0 Control and Status
4	U0GCR(0xC5)-USART 0 Generic Control
5	U0BAUD(0xC2)-USART 0 Baud-Rate Control
6	U0DBUF(0xC1)-USART 0 Receive/Transmit Data Buffer
7	IRCON2(0xE8)-Interrupt Flags 5

以 CC2530 的串口 0 为例，利用 CC2530 进行串口通信相关的寄存器或者标志位有 U0CSR、U0GCR、U0BAUD、U0DBUF 和 UTX0IF，配置参数如表 2-11 所示。

表 2-11 串口 0 寄存器的配置参数

寄存器名称	配置参数	
U0CSR(UART0 控制和状态寄存器)	Bit7：MODE	0：SPI 模式
		1：UART 模式
	Bit6：RE	0：接收器禁止
		1：接收器使能
	Bit5：SLAVE	0：SPI 主模式
		1：SPI 从模式

续表

寄存器名称	配置参数	
U0CSR(UART0 控制和状态寄存器)	Bit4：FE	0：没有检测出帧错误
		1：收到字节停止位电平出错
	Bit3：ERR	0：没有检测出奇偶检验出错
		1：收到字节奇偶检验出错
	Bit2：RX_BYTE	0：没有收到字节
		1：收到字节就绪
	Bit1：TX_BYTE	0：没有发送字节
		1：写到数据缓冲区寄存器的最后字节已经发送
	Bit0：ACTIVE	0：USART 空闲
		1：USART 忙
U0GCR(UART0 通用控制寄存器)	Bit7：CPOL	0：SPI 负时钟极性
		1：SPI 正时钟极性
	Bit6：CPHA	0：当来自 CPOL 的 SCK 反相之后又返回 CPOL 时，数据输出到 MOSI；当来自 CPOL 的 SCK 返回 CPOL 反相时，输入数据采样到 MISO
		1：当来自 CPOL 的 SCK 返回 CPOL 反相时，数据输出到 M OSI；当来自 CPOL 的 SCK 反相之后又返回 CPOL 时，输入数据采样到 MISO
	Bit5：ORDER	0：LSB 先传送
		1：MSB 先传送
	Bit[4-0]：BAUD_E	波特率指数值 BAUD_E 连同 BAUD_M
U0BAUD(UART0 波特率控制寄存器)	Bit[7-0]：BAUD_M	波特率尾数值 BAUD_M 连同 BAUD_E 一起决定了 UART 的波特率
U0DBUF(UART0 收发数据缓冲区)		串口发送/接收数据缓冲区
UTX0IF(发送中断标志)	中断标志 5 IRCON2 的 Bit1	0：中断未挂起
		1：中断挂起

串口的波特率设置可以从 CC2530 的 datasheet 中查得，波特率的计算公式如下。

$$波特率 = \frac{(256 + BAUD\_M) \times 2^{BAUD\_E}}{2^{28}} \times f$$

本次实验设置波特率为 115200b/s，具体的参数设置如表 2-12 所示。

表 2-12 串口的波特率参数设置

波特率/(b·s^{-1})	UxBAUD. BAUD_M	UxGCR. BAUD_E	误差/%
2400	59	6	0.14
4800	59	7	0.14
9600	59	8	0.14

续表

波特率/(b·s^{-1})	UxBAUD.BAUD_M	UxGCR.BAUD_E	误差/%
14400	216	8	0.03
19200	59	9	0.14
28800	216	9	0.03
38400	59	10	0.14
57600	216	10	0.03
76800	59	11	0.14
115200	216	11	0.03
230400	216	12	0.03

寄存器具体配置代码如下。

```
PERCFG = 0x00;              //位置 1 P0 口
P0SEL = 0x0c;               //P0_2,P0_3 用作串口(外部设备功能)
P2DIR &= ~0XC0;             //P0 优先作为 UART0
U0CSR |= 0x80;              //设置为 UART 方式
U0GCR |= 11;
U0BAUD |= 216;              //波特率设为 115200b/s
UTX0IF = 0;                 //UART0 TX 中断标志初始置位 0
```

【程序 2-8】 串口发送字符串,上位机串口调试助手接收查看。

```
/****************************************
描述:在串口调试助手上可以看到不停地
收到 CC2530 发过来的:HELLO WEBEE
波特率:115200b/s
****************************************/
#include <ioCC2530.h>
#include <string.h>
#define uint unsigned int
#define uchar unsigned char
//定义 LED 的端口
#define LED1 P1_0
#define LED2 P1_1
//函数声明
void Delay_ms(uint);
void initUART(void);
void UartSend_String(char *Data,int len);
char Txdata[12];              //存放"HELLO WEBEE"共 12 个字符串
/*****************************************************************
    延时函数
*****************************************************************/
void Delay_ms(uint n)
{
    uint i,j;
```

```
        for(i = 0;i < n;i++)
        {
        for(j = 0;j < 1774;j++);
        }
}
void IO_Init()
{
    P1DIR = 0x03;                          //P1_0,P1_1 IO 方向输出
    //P1INP |= 0x03;                       //打开下拉
    LED1 = 0;
    LED2 = 0;
}
/****************************************************************
  串口初始化函数
****************************************************************/
void InitUART(void)
{
    PERCFG = 0x00;                         //位置 1 P0 口
    P0SEL = 0x0c;                          //P0_2,P0_3 用作串口(外部设备功能)
    P2DIR &= ~0XC0;                        //P0 优先作为 UART0

    U0CSR |= 0x80;                         //设置为 UART 方式
    U0GCR |= 11;
    U0BAUD |= 216;                         //波特率设为 115200
    UTX0IF = 0;                            //UART0 TX 中断标志初始置位 0
}
/****************************************************************
串口发送字符串函数
****************************************************************/
void UartSend_String(char *Data,int len)
{
  int j;
  for(j=0;j<len;j++)
  {
    U0DBUF = *Data++;
    while(UTX0IF == 0);
    UTX0IF = 0;
  }
}
/****************************************************************
主函数
****************************************************************/
void main(void)
{
    CLKCONCMD &= ~0x40;                    //设置系统时钟源为 32MHz 晶振
    while(CLKCONSTA & 0x40);               //等待晶振稳定为 32MHz
    CLKCONCMD &= ~0x47;                    //设置系统主时钟频率为 32MHz
```

```
    IO_Init();
    InitUART();
    strcpy(Txdata,"HELLO WEBEE");                              //将发送内容 copy 到 Txdata;
    while(1)
     {
        UartSend_String(Txdata,sizeof("HELLO WEBEE"));  //串口发送数据
        Delay_ms(500);                                            //延时
        LED1 = !LED1;                                             //标志发送状态
     }
}
```

在 IAR 工程环境中单击 make 按钮进行编译和链接。

如图 2-47 所示方式连接串口模块与 CC2530 开发板，插入仿真器，单击 download&debug 下载程序。串口助手不停收到 HELLO WEBEE，LED1 灯不停闪烁，如图 2-48 所示。

图 2-47　串口模块与 CC2530 开发板连接方式

雪莉蓝串口调试助手 V1.2.0 Beta
COM16 - Prolific USB-to-Serial Comm Port
端口设置
标准波特率
波特率 115200
校验位 无校验
数据位 8位
停止位 1位
不占用时自动打开
关闭串口
多机通讯功能设置
方式 多机通讯功能关
地址 DEC 001 HEX 01
接受区设置
正常显示状态
1.CD 2.RXD 3.TXD 4.DTR 5.GND 6.DSR 7.RTS 8.CTS 9.RI
HELLO WEBEE□HELLO WEBEE□HELLO WEBEE□HELLO WEBEE□HELLO WEBEE□HELLO WEBEE□HELLO WEBEE□HELLO WEBEE□HELLO WEBEE□HELLO WEBEE□HELLO WEBEE□HELLO WEBEE□

图 2-48　CC2530 串口发送运行结果

作为微处理器，使用CC2530的串口资源完成发送功能的逻辑比较简单，因为发送行为通常是微处理器主动发起的。微处理器接收串口传来的数据不能采用查询方式了，因为微处理器除了接收串口数据之外，还有自身的主要逻辑要完成，如组网、数据处理等。因此，CC2530串口的接收功能势必要利用中断资源，采用"基于事件"的编程方式才是合理的。

本实验较【例2-8】增加了串口接收功能，故寄存器配置有所改变，相关代码如下。

```
CLKCONCMD &= ~0x40;                  //设置系统时钟源为32MHz晶振
while(CLKCONSTA & 0x40);             //等待晶振稳定
CLKCONCMD &= ~0x47;                  //设置系统主时钟频率为32MHz
PERCFG = 0x00;                       //位置1 P0口
P0SEL = 0x3c;                        //P0_2,P0_3,P0_4,P0_5用作串口,第二功能
P2DIR &= ~0XC0;                      //P0优先作为UART0,优先级
U0CSR |= 0x80;                       //UART方式
U0GCR |= 11;                         //U0GCR与U0BAUD配合
U0BAUD |= 216;                       // 波特率设为115200b/s
UTX0IF = 0;                          //UART0 TX中断标志初始置位1(收发时候)
U0CSR |= 0X40;                       //允许接收
IEN0 |= 0x84;                        // 开总中断,接收中断
```

【程序2-9】 串口的发送和接收功能。

```
/****************************************
程序描述:例以abc#方式发送,#为结束符,
返回abc.比特率:115200b/s
****************************************/
#include<ioCC2530.H>
unsigned char temp;
unsigned char RXTXflag = 1;
char Rxdata[50];
unsigned char datanumber;
#define LED1 P1_0
#define LED2 P1_0
void InitLed()
{
    P1DIR = 0x03;                     //P1_0,P1_1 I/O方向输出
    //P1INP |= 0X03;                  //打开下拉
    LED1 = 0;
    LED2 = 0;
}

void InitUart()
{
  CLKCONCMD &= ~0x40;                 //设置系统时钟源为32MHz晶振
  while(CLKCONSTA & 0x40);            //等待晶振稳定
```

```
  CLKCONCMD &= ~0x47;                   //设置系统主时钟频率为 32MHz
  PERCFG = 0x00;                        //位置 1 P0 口
  P0SEL = 0x3c;                         //P0_2,P0_3,P0_4,P0_5 用作串口,第二功能
  P2DIR &= ~0XC0;                       //P0 优先作为 UART0,优先级
  U0CSR |= 0x80;                        //UART 方式
  U0GCR |= 11;                          //U0GCR 与 U0BAUD 配合
  U0BAUD |= 216;                        //波特率设为 115200b/s
  UTX0IF = 0;                           //UART0 TX 中断标志初始置位 1 (收发时候)
  U0CSR |= 0X40;                        //允许接收
  IEN0 |= 0x84;                         //打开单片机总中断使能和串口接收中断
}
/**********************************************************************
串口发送字符串函数
**********************************************************************/
void Uart_Send_String(char * Data,int len)
{
  {
  int j;
  for(j=0;j<len;j++)
  {
    U0DBUF = *Data++;
    while(UTX0IF == 0);                 //发送完成标志位
    UTX0IF = 0;
  }
  }
}
/****************************
主函数
****************************/
void main(void)
{
  InitLed();                            //调用初始化函数
  InitUart();
  while(1)
  {
    if(RXTXflag == 1)                   //接收状态
    {
      LED1 = 1;                         //接收状态指示
      if( temp != 0)
      {
        if((temp!='#')&&(datanumber<50))        //'#'被定义为结束字符,最多能接收 50 个
                                                 字符
        {
          Rxdata[datanumber++] = temp;
        }
        else
        {
```

```
          RXTXflag = 3;                          //进入发送状态
          LED1 = 0;                              //关指示灯
        }
        temp = 0;
      }
    }
    if(RXTXflag == 3)                            //发送状态
    {
      LED2 = 1;
      U0CSR &= ~0x40;                            //禁止接收
      Uart_Send_String(Rxdata,datanumber);       //发送已记录的字符串.
      U0CSR |= 0x40;                             //允许接收
      RXTXflag = 1;                              //恢复到接收状态
      datanumber = 0;                            //指针归 0
      LED2 = 0;                                  //关发送指示
    }
  }
}
/**********************************************************************
串口接收一个字符：一旦有数据从串口传至 CC2530，则进入中断，将接收到的数据赋值给变
量 temp.
**********************************************************************/
#pragma vector = URX0_VECTOR
__interrupt void UART0_ISR(void)
{
  URX0IF = 0;                                    //清中断标志
  temp = U0DBUF;
}
```

在 IAR 工程环境中单击 make 按钮进行编译和链接。

在 IAR 工程环境中单击 download&debug 下载程序。打开串口助手，由上位机发送字符串 ABC#，可通过串口助手观察到，CC2530 的串口接收到字符串 ABC，如图 2-49 所示。

掌握了利用串口发送和接收字符串，下面介绍如何将串口中发送和接收的字符串定义成指令，控制 LED 灯的亮灭。本例程定义串口指令格式以#结尾。由 PC 通过串口助手发送指令给 CC2530 开发板，指令 L1#用于点亮 LED1 灯，L2#用于点亮 LED2 灯。

【程序 2-10】 UART0-控制 LED 灯。

```
/*****************************************
程序描述:依次发送 L1# L2# 指令分别控制
LED1、LED2 亮灭,波特率:115200b/s
*****************************************/
#include <ioCC2530.H>
```

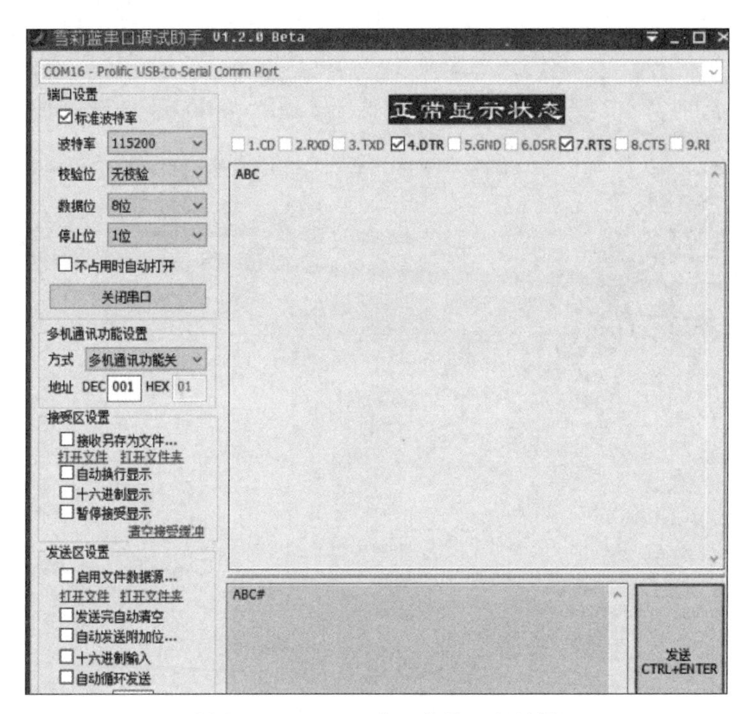

图 2-49　CC2530 串口接收运行结果

```
unsigned char temp;
unsigned char RXTXflag = 1;
char Rxdata[50];
unsigned char datanumber;
#define LED1 P1_0
#define LED2 P1_1
void InitLed()
{
    P1DIR = 0x03;                    //P1_0,P1_1 I/O 方向输出
    //P1INP |= 0X03;                 //打开下拉
    LED1 = 0;
    LED2 = 0;
}

void InitUart()
{
  CLKCONCMD &= ~0x40;                //设置系统时钟源为 32MHz 晶振
  while(CLKCONSTA & 0x40);           //等待晶振稳定
  CLKCONCMD &= ~0x47;                //设置系统主时钟频率为 32MHz
  PERCFG = 0x00;                     //位置 1 P0 口
  P0SEL = 0x3c;                      //P0_2,P0_3,P0_4,P0_5 用作串口,第二功能
  P2DIR &= ~0XC0;                    //P0 优先作为 UART0,优先级
  U0CSR |= 0x80;                     //UART 方式
```

```
  U0GCR |= 11;                    //U0GCR与U0BAUD配合
  U0BAUD |= 216;                  //波特率设为115200b/s
  UTX0IF = 0;                     //UART0 TX中断标志初始置位1(收发时候)
  U0CSR |= 0X40;                  //允许接收
  IEN0 |= 0x84;                   //打开单片机总中断使能和串口接收中断
}
/******************************************************************
串口发送字符串函数
******************************************************************/
void Uart_Send_String(char * Data,int len)
{
  {
  int j;
  for(j=0;j<len;j++)
  {
    U0DBUF = *Data++;
    while(UTX0IF == 0);           //发送完成标志位
    UTX0IF = 0;
  }
  }
}
/****************************
主函数
****************************/
void main(void)
{
  InitLed();                      //调用初始化函数
  InitUart();
  while(1)
  {
    if(RXTXflag == 1)             //接收状态
    {
      if( temp != 0)
      {
        if((temp!='#')&&(datanumber<3)) //'#'被定义为结束字符,最多能接收50个
                                          字符
        Rxdata[datanumber++] = temp;
        else
        {
        RXTXflag = 3;             //进入发送状态
        }
        temp = 0;
      }
    }

    if(RXTXflag == 3)             //检测接收到的数据
    {
```

```
        if(Rxdata[0] == 'L')
        {
          switch(Rxdata[1] - 48)    //很重要,将 ASICC 码转换成数字,判断 L 后面第一个数
          {
            case 1:                 //如果是 L1
            {
              LED1 = ~LED1;         //高电平点亮
              break;
            }
            case 2:                 //如果是 L2
            {
              LED2 = ~LED2;
              break;
            }
          }
          RXTXflag = 1;
          datanumber = 0;           //指针归 0
        }
      }
    }
  }

  /**********************************************************************
  串口接收一个字符:一旦有数据从串口传至 CC2530, 则进入中断,将接收到的数据赋值给
  变量 temp.
  **********************************************************************/
  #pragma vector = URX0_VECTOR
  __interrupt void UART0_ISR(void)
  {
    URX0IF = 0;                     //清中断标志
    temp = U0DBUF;
  }
```

在本章 CC2530 的片上实践中,除了掌握 IAR 集成开发环境的开发和调试过程外,还学习了 CC2530 芯片的基本实验,掌握了定时器,I/O 口,串口,中断这些常用的片上资源,以后会遇到更高级的外设,如 LCD、SPI、IIC 等。学习的思路大同小异,都是先大致理解外设的工作原理,再查阅芯片手册,了解寄存器,按照厂家 demo 结合自己的实际需求进行代码写作并编译调试。这为后续的利用 ZStack 协议栈组网打下了一定的基础。

2.4　习题

1. 在 ZigBee 结构中,________层与硬件息息相关。
2. 属于 CC2530 物理存储器的是________。

3. CC2530 的串口模式分为________和________。

4. CC2530 包括 2 个 8 位输入/输出(I/O)端口，分别是________。

5. 如果将 CC2530 的 P1 端口设置为通用 I/O 功能，需要设置________寄存器。

6. CC2530 的 8051CPU 有 4 个不同的存储空间，分别为________、________、________和________。

7. CC2530 的外部中断服务函数格式为________。

8. 语句 P1DIR |= 0x01; 的作用是(　　)。

A. 将 P1_0 定义为输出　　　　B. 将 P1_0 定义为输入

C. 将 P1_0 定义为特殊功能　　D. 将 P1_1 定义为输出

9. 语句 P1SEL &=～0x03; 的作用是(　　)。

A. 将 P1_1 和 P1_0 作为普通 I/O 口

B. 将 P1 口的第三位设置为普通 I/O 口

C. 将 P1_1 和 P1_0 作为输出

C. 将 P1 口的第三位设置为输出

第3章 CHAPTER 3 物联网网络层

3.1 ZStack 协议栈

3.1.1 ZStack 协议栈简介

ZigBee 是基于 IEEE 802.15.4 标准的低功耗局域网协议。该协议的物理层(PHY)和介质访问层(MAC)由 IEEE 802.15.4 标准定义;网络层(NWK)和应用层(APP)则由 ZigBee 联盟定义。

ZStack 是 TI 公司提供的一套符合 ZigBee 协议标准的协议栈。用户可以使用其提供的程序框架和 API 函数进行应用项目的开发。该协议栈经过了 ZigBee 联盟的认可,并且被全球很多企业作为商业级协议栈。实际上,ZStack 只是一个半开源的协议栈,其中的 MAC 层和 ZMAC 层并没有全部开源,但用户可以使用其提供的 API 来调用相关的库函数。ZigBee 协议结构和 ZStack 协议栈结构对比如表 3-1 所示。

表 3-1 ZigBee 协议结构和 ZStack 协议栈结构对比

ZigBee 协议结构	ZStack 协议栈结构
APP 层	APP 层、OSAL
ZDO 层、APS 层	ZDO 层
AF 层	Profile
NWK 层	NWK 层
MAC 层	ZMAC 层、MAC 层
PHY 层	HAL 层、MAC 层
安全服务提供商	Security 与 Services

简单来说,ZigBee 是一个符合国际标准的协议,而 ZStack 则是实现该协议的具体代码。如果前者是一幅建筑图纸,那么后者就是按照图纸修建的建筑物。所以,学习基于 CC2530 芯片的 ZigBee 无线组网技术,实际上就是学习 ZStack 协议栈的结构和运行机理,并且在其基础上进行项目开发。

图 3-1 展示了 ZigBee 无线网络协议层的架构图。ZigBee 的协议分为两部分，IEEE 802.15.4 定义了 PHY(物理层)和 MAC(介质控制访问层)技术规范；ZigBee 盟定义了 NWK(网络层)、APS(应用程序支持子层)、APL(应用层)技术规范。ZigBee 协议栈就是将各个层定义的协议都集合在一起，以函数的形式实现，并给用户提供 API(应用层)，用户可以直接调用。

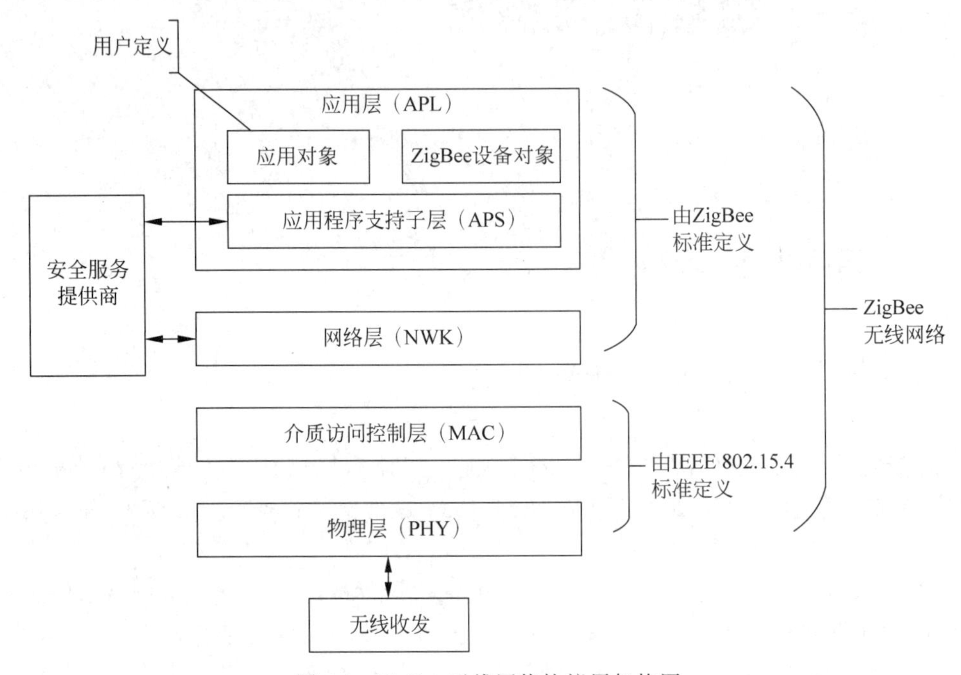

图 3-1 ZigBee 无线网络协议层架构图

在开发一个应用时，协议较底下的层与应用相互独立，它们可以从第三方获得，因此需要做的就只是在应用层进行相应的改动。介绍到这里，大家应该清楚协议和协议栈的关系了吧，是不是会想着怎么样才能用协议栈来开发自己的项目呢？技术总是在不断地发展，我们可以用 ZigBee 厂商提供的协议栈软件来方便地使用 ZigBee 协议栈(注意：不同厂商提供的协议栈是有区别的，此处介绍 TI 推出的 ZigBee 2007 协议栈也称 ZStack)。ZStack 是挪威半导体公司 Chipcon(已经被 TI 公司收购)推出其 CC2430 开发平台时，推出的一款业界领先的商业级协议栈软件。由于这个协议栈软件的出现，用户可以很容易地开发出具体的应用程序，也就是大家说的掌握 10 个函数就能使用 ZigBee 通信的原因。它使用瑞典公司 IAR 开发的 IAREmbedded Workbench for MCS-51 作为它的集成开发环境。Chipcon 公司为自己设计的 ZStack 协议栈中提供了一个名为操作系统抽象层 OSAL 的协议栈调度程序。对于用户来说，除了能够看到这个调度程序外，其他任何协议栈操作的具体实现细节都被封装在库代码中。用户在进行具体的应用开发时只能够通过调用 API 接口来进行，而无权知道 ZigBee 协议栈实现的具体细节，也没必要知道。

图3-2是TI公司的基于ZigBee 2007的协议栈ZStack-CC2530-2.3.0,所有文件目录如红色框所示。可以把它看作一个庞大的工程,或者是一个小型的操作系统,采用任务轮询的方法运行。

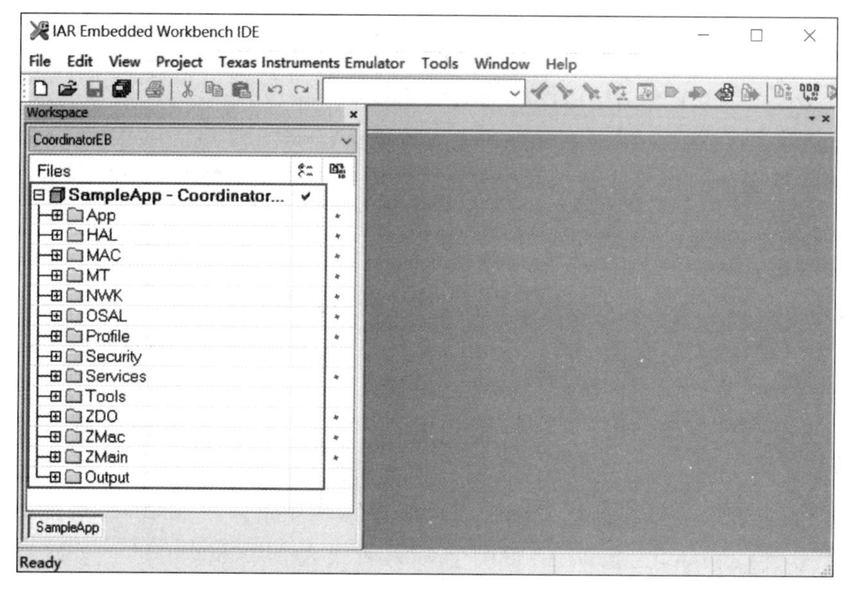

图3-2 ZStack-CC2530-2.3.0文件目录结构

其中,各个文件夹的功能如下。

- App:应用层。
- HAL:硬件驱动;优先级为3,编程时需要考虑。
- MAC:数据链路层,没有源码,只有头文件和必要的c文件,优先级为1。
- MT(Measure and test):测量与测试,可查看源码,编写程序时可参考;可有可无,优先级为4。
- NWK:网络层,没有源码;优先级为2。
- OSAL:操作系统抽象层。
- Profile:应用层规则。
- Security:安全。
- Services:字母转数字等工具、帮助类函数。
- Tools:编译时用到的工具。
- ZDO(ZigBee device object):ZigBee开发板上的无线模块管理;优先级为7,执行ZDApp_init()函数后,如果是协调器将建立网络,如果是终端设备将加入网络。
- ZMac:通过该层提供的接口调用MAC层的函数。

ZigBee协议栈已经实现了ZigBee协议,用户可以使用协议栈提供的API进行应用程序的开发,在开发过程中完全不必关心ZigBee协议的具体实现细节,要关心的问题是：应用层的数据是使用哪些函数通过什么方式发送或者接收数据的。因此，最重要的是要学会使用 ZigBee 协议栈。

用户实现一个简单的无线数据通信时的一般步骤如下。

(1) 组网：调用协议栈的组网函数、加入网络函数，实现网络的建立与节点的加入。

(2) 发送：发送节点调用协议栈的无线数据发送函数，实现无线数据发送。

(3) 接收：接收节点调用协议栈的无线数据接收函数，实现无线数据接收。

无线数据通信的步骤非常简单，但无线通信过程是基于 ZStack 协议栈的，因此，要将简单的无线通信步骤加入 ZStack 软件架构中，才能利用 ZStack 提供的 API 完成无线通信功能。这类似于：QQ 是一款简单易用的软件，使用 QQ 的聊天步骤非常简单，只要输入消息并发送就可以了。但用户需要把 QQ 安装于一个操作系统上，如 PC 的 Windows 操作系统，或手机的 Android 操作系统，才能够打开 QQ 开始使用它的聊天功能。

在嵌入式软件的编程中，不会提供像 Windows 或 Android 那样简单易用的操作系统，例如 TI 提供的 ZStack 协议栈，用比较精简抽象的方式提供了一个类似于操作系统的平台，让程序可以在操作系统的简单管理下基于事件机制运行，并具备类似于应用程序一样的初始化、服务、销毁的生命周期。接下来的教程里面会详细地讨论 ZigBee 协议栈架构中每个层所包含的内容和功能及 ZStack 的软件架构。

3.1.2 协议栈的工作原理

CC2530 集成了增强型的 8051 内核，因此在 CC2530 的片上编程实践中，都遵循 51 单片机的编程方式。在这个内核中进行组网通信时，如果用以前基础实验的方法来写程序，逐步查阅芯片手册，了解相关寄存器，按手册进行参数设置等，工作量将非常巨大。TI 公司作为 ZigBee 的生产商，为用户搭建一个小型的操作系统(本质也是大型的程序)，名为 ZStack。ZStack 中已经对底层和网络层的内容进行了封装处理，将复杂部分屏蔽掉。让用户通过 API 函数就可以轻易搭建 ZigBee 网络，并实现无线数据通信。

在 51 单片机的编程方式下，微处理器只能处理一种任务，如 LED 点灯任务，如要使得 LED 灯闪烁，则要利用单片机的定时器资源；如要采用定时器中断方式让 LED 灯闪烁，则还需要利用单片机的中断资源。如果要在让 LED 灯闪烁的同时，处理串口收发，程序逻辑将会更加复杂。在操作系统的管理下，多个任务则可以有条不紊地执行，类似于在 Windows 操作系统中，安装 QQ 软件后，再安装 Office 软件，这些软件可以由 Windows 操作系统分配资源，并发运行。例如 LED 灯闪烁和串口收发这两个功能，在 ZStack 协议栈这个小型操作系统中，可以作为两个任务被管理起来，分配资源有序执行。各个要执行的任务在 ZStack 协议栈中被描述为任务事件队列(* tasksEvents)，如图 3-3 所示。

ZStack 在初始化后，会不断地查询任务事件队列，调用它所管理的定时器、中断等

tasksEvents[taskCnt]
…
tasksEvents[2] != 0
tasksEvents[1] = = 0
tasksEvents[0] != 0

*tasksEvents

图 3-3　ZStack 协议栈的任务事件队列

资源，周而复始地计时，或根据中断向量调用中断服务程序，使任务队列中的任务得以顺利执行。这个方式称为任务轮询，如图 3-4 所示。

Task(taskCnt)--*SampleApp_loop
…
Task2-- * Hal_ProcessEvent
Task1-- * nwk_event_loop
Task0-- * macEventLoop

*tasksArr

图 3-4　ZStack 的任务轮询

ZStack 调动 CC2530 芯片的定时器、中断等资源的过程已经被封装在协议栈的底层，因此，基于 ZStack 协议栈进行编程无须再考虑 CC2530 芯片的定时器、中断等寄存器配置，只关注如何将要处理的任务加入协议栈任务队列，接受操作系统轮询处理即可，这大大提升了编程效率。

ZStack 协议栈中操作系统的任务队列及轮询管理机制叫作 OSAL(Operating System Abstraction Layer，操作系统抽象层)，它支持多任务运行，并不是一个传统意义上的操作系统，但是实现了部分类似操作系统的功能。它模拟 OS(操作系统)的一些方法为广大编程者提供一种编写 MCU 程序的方法。当有一个事件发生时，OSAL 负责将此事件分配给能够处理此事件的任务，然后此任务判断事件的类型，调用相应的事件处理程序进行处理。

打开协议栈文件夹 Texas Instruments\Projects\zstack，里面包含 TI 公司的例程和工具，再打开如图 3-5 所示的 Samples 文件夹。

Windows (C:) > Texas Instruments > ZStack-CC2530-2.5.1a > Projects > zstack

名称	修改日期	类型
HomeAutomation	2019/12/15 21:55	文件夹
Libraries	2019/12/15 21:55	文件夹
OTA	2019/12/15 21:55	文件夹
Samples	2019/12/15 21:55	文件夹
SE	2019/12/15 21:55	文件夹
Tools	2019/12/15 21:55	文件夹
Utilities	2019/12/15 21:55	文件夹
ZBA	2019/12/15 21:55	文件夹
ZMain	2019/12/15 21:55	文件夹
ZNP	2019/12/15 21:55	文件夹

图 3-5　ZStack 的 Sample 文件夹

Samples 文件夹里面有 3 个工程样例：GenericApp、SampleApp 和 SimpleApp。在此选择 SampleApp 对协议栈的工作流程进行讲解。打开\SampleApp\CC2530DB 下的工程文件 SampleApp. eww，留意左边的工程目录，暂时只需要关注 ZMain 文件夹和 App 文件夹，如图 3-6 所示。

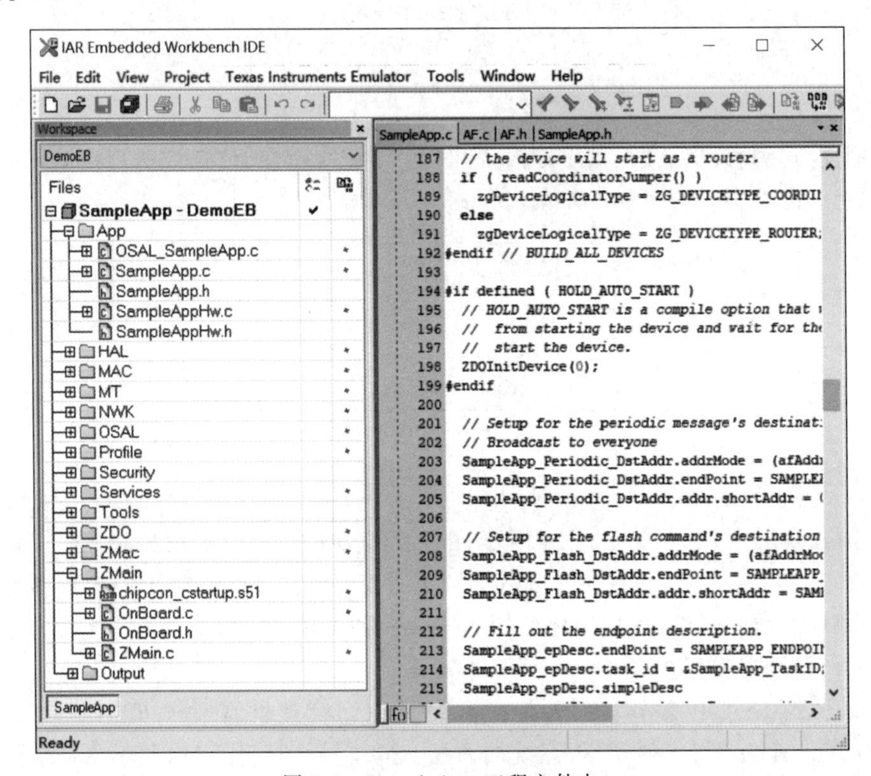

图 3-6　SampleApp 工程文件夹

任何程序都有入口，一般是 main()函数。ZStack 工程的入口在 ZMain. c 文件中，入口函数是 int main(void)函数，代码如下。

```
/*********************************************************************
* @fn      main
* @brief  First function called after startup.
* @returndon't care
*/
int main( void )
{
//Turn off interrupts
osal_int_disable( INTS_ALL );                    //关闭所有中断
//Initialization for board related stuff such as LEDs
HAL_BOARD_INIT();                                //初始化系统时钟
//Make sure supply voltage is high enough to run
                    zmain_vdd_check();           //检查芯片电压是否正常
```

```
//Initialize board I/O
InitBoard( OB_COLD );                    //初始化 I/O,LED、Timer 等
//Initialze HAL drivers
HalDriverInit();                         //初始化芯片各硬件模块
//Initialize NV System
osal_nv_init( NULL );                    //初始化 Flash 存储器
//Initialize the MAC
ZmacInit();                              //初始化 MAC 层
//Determine the extended address
zmain_ext_addr();                        //确定 IEEE64 位地址
//Initialize basic NV items
zgInit();                                //初始化非易失变量
#ifndefNONWK
//Since the AF isn't a task, call it's initialization routine
afInit();
#endif
//Initialize the operating system
osal_init_system();                      //初始化操作系统
//Allow interrupts
osal_int_enable( INTS_ALL );             //使能全部中断
//Final board initialization
InitBoard( OB_READY );                   //初始化按键
//Display information about this device
zmain_dev_info();                        //显示设备信息
/* Display the device info on the LCD */
#ifdef LCD_SUPPORTED
zmain_lcd_init();
#endif
#ifdefWDT_IN_PM1
/* If WDT is used, this is a good place to enable it. */
WatchDogEnable( WDTIMX );
#endif
osal_start_system();                     //No Return from here 执行操作系统,进去后不会返回
return 0;                                //Shouldn't get here.
}
```

在上面的代码中,顺序执行了一系列初始化操作,包括硬件、网络层、任务等的初始化,然后就可以初始化 OSAL 和启动 OSAL 了。初始化操作系统的函数是 osal_init_system(),启动运行操作系统的函数是 osal_start_system(),关于函数的实现细节,在 IAR 编程环境中,可以在函数名上右击→Go to definition of,便可进入函数的定义部分,如图 3-7 所示。

首先,观察 osal_init_system()系统初始化函数,进入函数。发现里面有 6 个初始化函数,在用户层面上编写 OSAL 初始化任务时,只需关注 osalInitTasks()函数,如图 3-8 所示。

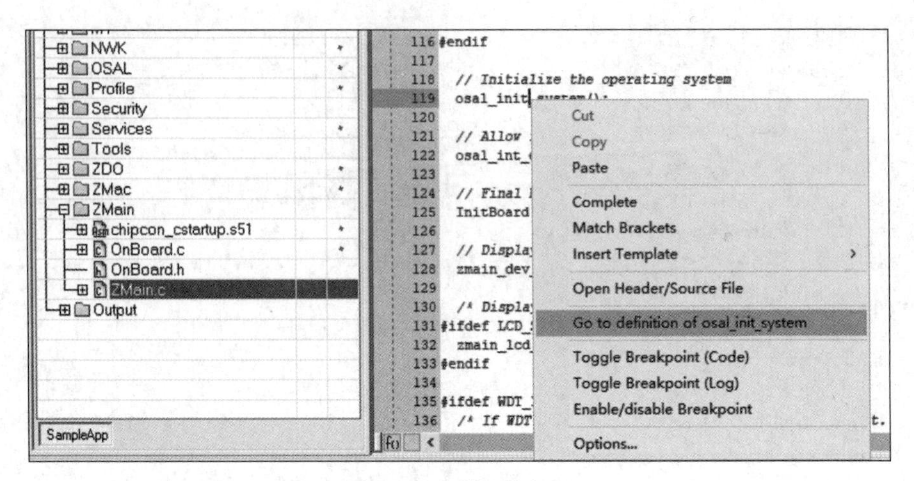

图 3-7　查看函数定义

```
985 uint8 osal_init_system( void )
986 {
987   // Initialize the Memory Allocation System
988   osal_mem_init();
989
990   // Initialize the message queue
991   osal_qHead = NULL;
992
993   // Initialize the timers
994   osalTimerInit();
995
996   // Initialize the Power Management System
997   osal_pwrmgr_init();
998
999   // Initialize the system tasks.
1000  osalInitTasks();
1001
1002  // Setup efficient search for the first free block of heap.
1003  osal_mem_kick();
1004
1005  return ( SUCCESS );
1006 }
```

图 3-8　osalInitTasks()函数的调用

下面继续通过 Go to definition…功能进入 osalInitTasks()函数的定义部分,代码如下。

```
void osalInitTasks( void )
{
    uint8 taskID = 0;
//分配内存,返回指向缓冲区的指针
    tasksEvents = (uint16 *)osal_mem_alloc( sizeof( uint16 ) * tasksCnt);
//设置所分配的内存空间单元值为 0
    osal_memset( tasksEvents, 0, (sizeof( uint16 ) * tasksCnt));
//任务优先级由高向低依次排列,高优先级对应 taskID 的值反而小
    macTaskInit(taskID++);              //macTaskInit(0),用户不需要考虑
    nwk_init(taskID++);                 //nwk_init(1),用户不需要考虑
```

```
    Hal_Init(taskID++);                          //Hal_Init(2),用户需要考虑
    #if defined( MT_TASK )

    MT_TaskInit(taskID ++);
    #endif
    APS_Init(taskID++);                          //APS_Init(3),用户不需要考虑
    #if defined ( ZIGBEE_FRAGMENTATION )
    APSF_Init(taskID ++);
    #endif
    ZDApp_Init(taskID++);                        //ZDApp_Init(4),用户需要考虑
    #if defined ( ZIGBEE_FREQ_AGILITY ) || defined ( ZIGBEE_PANID_CONFLICT )
    ZDNwkMgr_Init(taskID ++);
    #endif
    SampleApp_Init(taskID);                      //SampleApp_Init _Init(5),用户需要考虑
}
```

关于代码中的 taskID,可以理解为任务队列中的任务唯一编号。例如 LED 灯的闪烁、在网络中数据的收发、在串口中数据的收发,在 OSAL 的管理下,都称为任务。所需执行的任务存在于任务队列中。osal_init_system()中,要对 taskID 进行初始化,每完成一个任务的初始化,执行 taskID++。在 osal_init_system()函数的语句后写了一些注释,有些需要用户考虑,有些不需要用户考虑。这里的用户指的是使用 ZStack 协议栈的编程者。注释为不需要考虑的环节,已经由 ZStack 协议栈封装完成,而用户根据自己的硬件平台进行的其他设置,要在需要考虑的语句中修改完成。

下面分析操作系统启动运行的函数 osal_start_system(),这是任务系统轮询的主要函数。它会查找发生的事件,然后调用相应的事件执行函数。如果没有事件登记要发生,就进入睡眠模式。这个函数是永远不会返回的,用 go to definition 的方法进入该函数,代码如下所示。

```
/*********************************************************************
**
 * @fn      osal_start_system
 * @brief *
 * This function is the main loop function of the task system. It
 * will look through all task events and call the task_event_processor()
 * function for the task with the event. If there are no events (for
 * all tasks), this function puts the processor into Sleep.
 * This Function doesn't return.
 * @param void
 * @return none
*******************************************/
void osal_start_system( void )
{
#if !defined ( ZBIT ) && !defined ( UBIT )
for(;;)                                    //Forever Loop
```

```
#endif
{
    uint8 idx = 0;
    osalTimeUpdate();          //这里是在扫描哪个事件被触发了,然后置相应的标志位
    Hal_ProcessPoll();         //This replaces MT_SerialPoll() and osal_check_timer().
    Do
    {
        if (tasksEvents[idx])  //Task is highest priority that is ready.
        {
            break;             //得到待处理的最高优先级任务索引号 idx
        }
    } while (++idx < tasksCnt);

    if (idx < tasksCnt)
    {
        uint16 events;
        halIntState_t intState;
        HAL_ENTER_CRITICAL_SECTION(intState);       //进入临界区保护
        events = tasksEvents[idx];                  //提取需要处理的任务中的事件
        tasksEvents[idx] = 0;                       //Clear the Events for this task.清
                                                      除本次任务的事件
        HAL_EXIT_CRITICAL_SECTION(intState);        //退出临界区
        events = (tasksArr[idx])( idx, events );    //通过指针调用任务处理函数
        HAL_ENTER_CRITICAL_SECTION(intState);       //进入临界区
        tasksEvents[idx] |= events;                 //Add back unprocessed events to the
                                                      current task.保存未处理的事件
    HAL_EXIT_CRITICAL_SECTION(intState);            //退出临界区
    }
    #if defined( POWER_SAVING )
    else // Complete pass through all task events with no activity?
    {
        osal_pwrmgr_powerconserve(); // Put the processor/system into sleep
    }
    #endif
    }
}
```

那么,在OSAL运行过程中,是如何知道在初始化函数 osal_init_system()中将哪些任务加入了队列,又如何对队列中的任务进行轮询处理呢?下面关注 osal_run_system()函数中的语句:

```
events = tasksEvents[idx];
```

通过 Go to definition…进入 tasksEvents[idx]数组定义,可以发现定义了该数组之后,紧接着又定义了 osalInitTasks(void)函数,如图 3-9 所示。

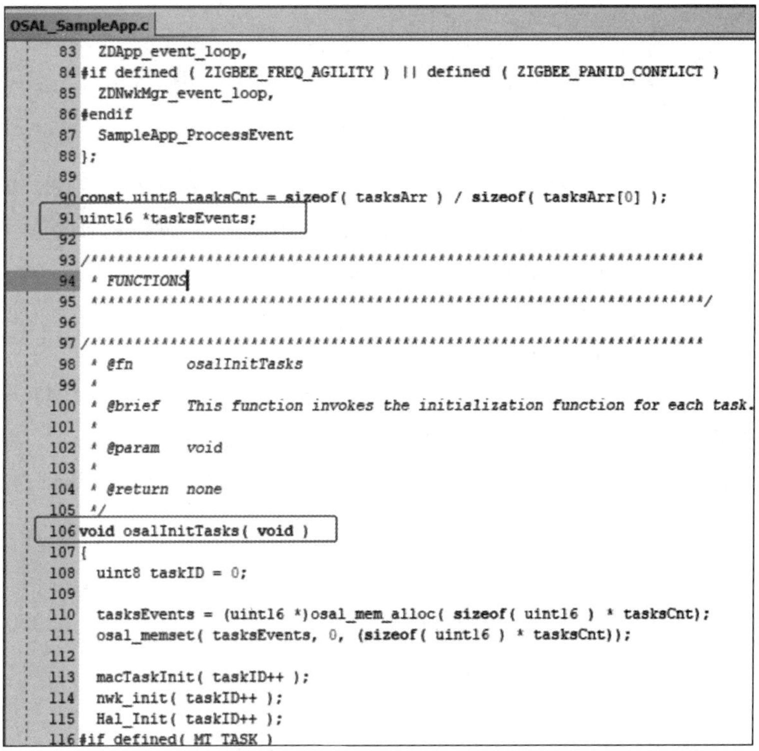

```
OSAL_SampleApp.c
 83   ZDApp_event_loop,
 84 #if defined ( ZIGBEE_FREQ_AGILITY ) || defined ( ZIGBEE_PANID_CONFLICT )
 85   ZDNwkMgr_event_loop,
 86 #endif
 87   SampleApp_ProcessEvent
 88 };
 89
 90 const uint8 tasksCnt = sizeof( tasksArr ) / sizeof( tasksArr[0] );
 91 uint16 *tasksEvents;
 92
 93 /*********************************************************************
 94  * FUNCTIONS
 95  *********************************************************************/
 96
 97 /*********************************************************************
 98  * @fn      osalInitTasks
 99  *
100  * @brief   This function invokes the initialization function for each task.
101  *
102  * @param   void
103  *
104  * @return  none
105  */
106 void osalInitTasks( void )
107 {
108   uint8 taskID = 0;
109
110   tasksEvents = (uint16 *)osal_mem_alloc( sizeof( uint16 ) * tasksCnt);
111   osal_memset( tasksEvents, 0, (sizeof( uint16 ) * tasksCnt));
112
113   macTaskInit( taskID++ );
114   nwk_init( taskID++ );
115   Hal_Init( taskID++ );
116 #if defined( MT_TASK )
```

图 3-9　osalInitTasks()函数的定义

osalInitTasks()函数的代码如下。

```
void osalInitTasks( void )
{
  uint8 taskID = 0;

  tasksEvents = (uint16 *)osal_mem_alloc( sizeof( uint16 ) * tasksCnt);
  osal_memset( tasksEvents, 0, (sizeof( uint16 ) * tasksCnt));

  macTaskInit( taskID++);
  nwk_init( taskID++);
  Hal_Init( taskID++);
#if defined( MT_TASK )
  MT_TaskInit( taskID++);
#endif
  APS_Init( taskID++);
#if defined ( ZIGBEE_FRAGMENTATION )
  APSF_Init( taskID++);
#endif
  ZDApp_Init( taskID++);
#if defined ( ZIGBEE_FREQ_AGILITY ) || defined ( ZIGBEE_PANID_CONFLICT )
```

```
  ZDNwkMgr_Init( taskID++);
#endif
  SampleApp_Init( taskID );
}
```

观察 osalInitTasks()函数结构,可以发现,函数对任务进行了判断,如果是网络层、硬件层、网络设备层的任务,则依次执行,并 taskID++,继续轮询任务队列。当这些必备任务都处理后,处理应用层(位于 ZStack 协议栈 APP 层)的任务。例如,样例工程 SampleApp,对应的任务就是 SampleApp 初始化任务。至此,通过 taskID 将 ZStack 协议栈的 OSAL 启动过程与 SampleApp 进行了关联。相当于 SampleApp 应用程序被安装到操作系统 OSAL 中,分配了 taskID,即任务号。当 OSAL 初始化并启动后,轮询发现应用程序 SampleApp 已经被安装好,则处理其任务请求。通过类似的原理,在下面的组网、广播、组播和点播实践中,均以 SampleApp 为基础程序框架,加以修改后完成组网、广播、组播和点播等应用任务。

3.2 基于 ZStack 协议栈组建无线网络

3.2.1 ZStack 的 SampleApp 应用分析

通过对 ZStack 协议栈工作原理的学习,我们知道 ZStack 协议栈是一个基于任务轮询方式的操作系统,其任务调度和资源分配由操作系统抽象层 OSAL 管理。

可以理解为: ZStack 协议栈 = OSAL 操作系统 + CC2530 硬件模块 + AF 无线网络应用。总体来看,ZStack 协议栈只做了两件事情: 首先进行系统的初始化,然后启动 OSAL 操作系统。在任务轮询过程中,系统将会不断查询每个任务是否有事件发生,如果有事件发生,就执行相应的事件处理函数,如果没有事件发生,则查询下一个任务。

深入理解 OSAL 的调度机制和工作机理,是灵活应用 ZStack 协议栈进行 ZigBee 无线应用开发的重要基础。深入地理解 OSAL 操作系统的关键是要理解任务初始化函数 osalInitTasks()、任务标识符 taskID、任务事件数组 taskEvents[]和任务事件处理函数指针数组 tasksArr[]之间的对应关系以及它们在 OSAL 运行过程中的执行情况。

下面通过 ZStack 协议栈的自带例程 SampleApp,学习 ZStack 的编程原理。读者可以从 ZStack 的安装目录下获取 SampleApp 工程代码: C:\Texas Instruments\ZStack-CC2530-2.5.1a\Projects\zstack\Samples\SampleApp\CC2530DB。用 IAR 打开文件夹中的 SampleApp.eww 工程文件,其目录树结构如图 3-10 所示。

在样例工程 SampleApp 的工程目录树中,找到 Profile 目录下的 AF.c 文件。在

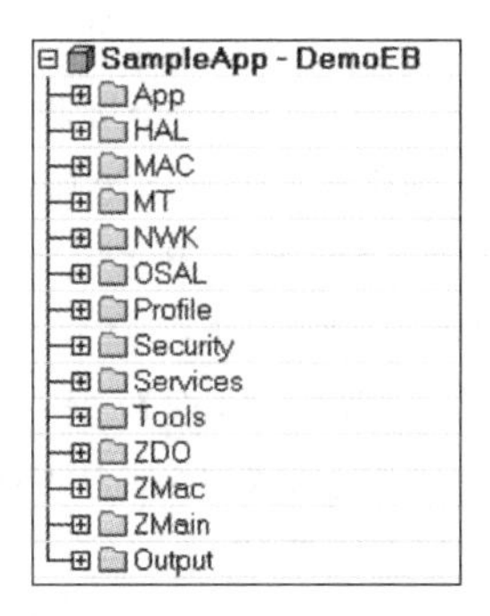

图 3-10　SampleApp 目录树结构

这个文件中有一个重要的函数：afStatus_t afRegister(endPointDesc_t * epDesc)。我们可以通过 ZStack API. pdf 中查询到 afRegister 的函数说明。该函数的作用是把一个设备注册成一个 ZigBee 网络中的新节点，并且不允许重复注册，以保证网络中节点的唯一性。

下面对该函数的参数加以分析。

该函数的参数 endPointDesc_t 是一个结构体，用于描述节点信息，如端点的任务序列号、网络延时请求、端点简单描述信息。其代码如下所示。

```
typedef struct
{
  uint8 endPoint;
  uint8 * task_id;                    //Pointer to location of the Application task ID.
  SimpleDescriptionFormat_t * simpleDesc;
  afNetworkLatencyReq_t latencyReq;
} endPointDesc_t;
```

其中，端点简单描述信息用结构体 SimpleDescriptionFormat_t 进行结构定义，代码如下所示。

```
typedef struct
{
  uint8        EndPoint;
  uint16       AppProfId;
  uint16       7 AppDeviceId;
  uint8        AppDevVer:4;
  uint8        Reserved:4;            //AF_V1_SUPPORT uses for AppFlags:4.
  uint8        AppNumInClusters;
  cId_t         * pAppInClusterList;
  uint8        AppNumOutClusters;
  cId_t         * pAppOutClusterList;
} SimpleDescriptionFormat_t;
```

- EndPoint　端点号可以设置1～240之间的整数(0被系统保留,不能使用)端点号定义的是该节点设备的子地址,用于接收数据。
- AppProfId　该字段定义应用描述ID,称为应用描述符。应用描述符是一组统一的消息,消息格式和处理方法,允许开发者建立一个可以共同使用的分布式应用程序,这些应用描述符是利用驻扎在独立设备中的应用实体来实现的。这些应用允许应用程序发送命令、请求数据和处理命令的请求。ZigBee联盟定义了一系列应用描述符,字段值从ZigBee联盟获取。
- AppDeviceId　该字段成为应用设备ID,每一个ZigBee节点对应唯一的应用设备ID,也由ZigBee联盟进行了预定义。
- AppDevVer　应用设备版本号,由十六进制数表示。例如0x00,指的是Version 1.0。
- Reserved　在编程中一般不涉及。
- AppNumInClusters　簇标识符可用来区分不同的簇,簇标识符关联着从设备流出和向设备流入的数据。在特殊的应用profiles范围内,簇标识符是唯一的。
- pAppInClusterList　节点的输入数据流的簇ID列表。
- AppNumOutClusters　8位,表示应用的输出数据流的簇。
- pAppOutClusterList　节点的输出数据流的簇ID列表。

下面分析afRegister()函数的返回值类型。其返回值类型afStatus_t也是一个结构体类型,如果组网成功,则返回ZSuccess;如果组网失败,则返回Error。所以,在后续的基于ZStack的组网实验中,将根据这个返回值,判断组网状态。

afRegister()函数由ZStack提供,在编写应用程序时,调用该函数,即可完成设备在ZigBee网络中的注册。

下面来分析SampleApp工程中的应用层。读者可以在工程目录树的App文件夹下打开SampleApp.c,后续的大部分编程都集中在应用层,即App文件夹下。

SampleApp.c中有以下3个全局变量。

- devStates_t SampleApp_NwkState;
- uint8 SampleApp_TransID;　// This is the unique message ID (counter)
- afAddrType_t SampleApp_Periodic_DstAddr;

分别用于表示网络状态、任务ID号和应用周期性发送数据时的目的地址。

这3个全局变量在void SampleApp_Init(uint8 task_id)和uint16 SampleApp_ProcessEvent(uint8 task_id, uint16 events)这两个函数中均有涉及。

SampleApp_Init()函数和SampleApp_ProcessEvent()函数是基于ZStack的网络编程中涉及最多的函数,程序中的组网逻辑和网络数据传输逻辑都要对这两个函数进行修改。

在SampleApp_Init()函数中,进行网络注册,即调用afRegister()函数,并根据afRegister()函数的返回值,判断组网结果和设备在网络中的状态(协调器、路由器,还是终端节点)。

SampleApp_ProcessEvent()函数主要用于ZStack网络中的事件处理。在基于51

单片机的编程中，程序 2-4 是查询式的按键检测，CC2530 的 main()函数只能在死循环中不断查询检测按键状态。程序 2-5 是外部中断式的按键检测，当有按键按下时，触发中断服务处理子程序，响应按键按下的状态，控制 LED 灯亮灭。因此，主程序可以完成 LED 灯控制等其他逻辑，外部按键按下时，从主程序跳转到中断服务程序执行中断响应。这些程序均利用 CC2530 的芯片资源完成，无法基于事件处理更为复杂的情况；无法综合处理无线网络的组建和感知、控制数据的发送和接收。本章的编程基于 ZStack 协议栈来完成，协议栈编程者提供了一个简单的操作系统抽象层，即 OSAL。SampleApp_ProcessEvent 则是 OSAL 提供的事件处理机制。在事件处理机制中，按键按下、网络中有消息发来等，都作为事件处理。当事件发生时，才调用事件处理程序；如果没有事件发生，则执行 OSAL 中的主逻辑，即保持网络的组网状态。

3.2.2 组建无线网络

本章的例程主要集中于物联网网络层的编程实践，基于 ZStack 协议栈，ZStack 的帮助文档在 ZStack 安装目录下：C:\Texas Instruments\ZStack-CC2530-2.5.1a\Documents；文件名为 ZStack API.pdf。请读者在学习过程中参照帮助文档理解相关知识点，掌握例程原理。

下面介绍如何在 CC2530 的硬件模块的 OSAL 操作系统中，进行任务事件的添加和无线网络组建。

【实验 3-1】 基于 ZStack 协议栈组建无线网络。

实验目的：CC2530 模块 OSAL 任务事件和 AF 无线网络应用。

软硬件环境：ZigBee 开发板(两块)、仿真器、IAR 集成开发环境。

本实验基于前面讲解的案例：SampleApp 改写，完成无线网络的组建，一个 ZigBee 开发板作为协调器，另一个开发板作为终端节点，两个节点上电后自组 ZigBee 网络。本章例程涉及的文件较多，因此在讲解中只给出有改动的代码或核心代码，完整工程代码见本书配套电子资源。

(1) 在本书配套电子资源中，打开 S2 工程，编写文件 s2.c 和 s2.h，并将 s2.c 和 s2.h 加入工程 App 文件夹中。

(2) 仿照 SampleApp.c，在 s2App.c 中定义自己的 3 个全局变量。

```
devStates_t S2App_NwkState;
uint8 S2App_TransID;
afAddrType_t S2App_Periodic_DstAddr;          //周期性发送消息的目标地址
```

在 S2App_Init()函数中，对 3 个变量进行赋值。

```
S2App_NwkState = DEV_INIT;
S2App_TransID = 0;
S2App_Periodic_DstAddr.addrMode = (afAddrMode_t)Addr16Bit;
```

```
  S2App_Periodic_DstAddr.endPoint = S2APP_ENDPOINT;      //在 s2App.h 中定义宏:S2APP
                                                            _ENDPOINT
  S2App_Periodic_DstAddr.addr.shortAddr = 0x0;
```

(3) 在 s2App.h 中定义宏。

```
#define S2APP_ENDPOINT 30
```

(4) 端点描述符和简单描述符的定义和赋值。

在 SampleApp_Init()继续添加如下代码。

```
//端点描述符
  S2App_epDesc.endPoint = S2APP_ENDPOINT;          //在 s2App.h 中定义过的宏
  S2App_epDesc.task_id = &S2AppTaskID;             //S2AppTaskID:s2App.c 中的全局变量
  S2App_epDesc.latencyReq = noLatencyReqs;         //参照 SampleApp.c,不用改动
  //simpleDesc 简单描述符
  S2App_epDesc.simpleDesc
           = (SimpleDescriptionFormat_t *)&S2App_SimpleDesc;
```

(5) 端点描述符和简单描述符的全局变量声明。

在 s2App.c 中声明全局变量。

```
endPointDesc_t S2App_epDesc;
```

在 s2App.c 中声明全局结构体变量 S2App_SimpleDesc 并赋值。

```
SimpleDescriptionFormat_t S2APP_SimpleDesc =
{
  S2APP_ENDPOINT,
  S2APP_PROFILE_ID,
  S2APP_DEVICE_ID,
  S2APP_DEVICE_VER,
  0,
  S2APP_CLUSTER_NUM,
  (cId_t *)S2APP_ClusterIDS,
  S2APP_CLUSTER_NUM,
  (cId_t *)S2APP_ClusterIDS
};
```

(6) 在 s2App.h 中添加宏定义。

```
#define S2APP_PROFILE_ID 0xF09
#define S2APP_DEVICE_ID 0x0
#define S2APP_DEVICE_VER 0x0
#define S2APP_CLUSTER_NUM 2
```

在 s2App.c 中定义全局变量数组 S2APP_CLUSTER_IDS 并赋值。

```
cId_t S2APP_CLUSTER_IDS[S2APP_CLUSTER_NUM] =
{
  S2APP_LEDOFF_CLUSTER_ID,
  S2APP_LEDON_CLUSTER_ID

};
```

在 s2App.h 中定义 Cluster 的宏。

```
#define S2APP_LEDOFF_CLUSTER_ID 0x0
#define S2APP_LEDON_CLUSTER_ID 0x1
```

(7) 注册端点。

在 s2App.c 中,找到初始化函数 SampleApp_Init(),在该函数内调用 ZStack 协议栈提供的 afRegister()函数,注册端点。

```
afRegister( &SampleApp_epDesc );    //application framework 注册 ZStack API.pdf 48 页
```

(8) 网络事件处理。

在 s2App.c 的 uint16 SampleApp_ProcessEvent(uint8 task_id, uint16 events)函数中,修改 switch 分支结构,加入代码中圈释部分的语句。

```
uint16 S2App_ProcessEvent( uint8 task_id, uint16 events ){
  afIncomingMSGPacket_t *MSGpkt;
  (void)task_id;      // Intentionally unreferenced parameter 先使用 task_id,避免出现警
                         告错误

  if ( events & SYS_EVENT_MSG )
  {
    MSGpkt = (afIncomingMSGPacket_t *)osal_msg_receive( S2AppTaskID );
    while ( MSGpkt )
    {
      switch ( MSGpkt->hdr.event )
      {/* 加入网络事件处理判断分支 */
      case ZDO_STATE_CHANGE:
        S2App_NwkState = (devStates_t)(MSGpkt->hdr.status);
        if(S2App_NwkState == DEV_ZB_COORD){            //协调器被建立
          HalUARTWrite(0,"COOR",4);
        }
        else if(S2App_NwkState == DEV_ROUTER){         //路由器
          HalUARTWrite(0,"ROU",3);
        }
        else if(S2App_NwkState == DEV_END_DEVICE){     //终端节点
          HalUARTWrite(0,"END",3);
        }
```

```
    else{                      //还没有建立网络
      HalUARTWrite(0,"ERR",3);
    }
    break; /* 网络事件处理分支结束 */
    default:
      break;
  }
```

(9) 调试运行。

① 在工程名上右击,在弹出的快捷菜单中选择 Options 选项,进入工程参数设置对话框,如图 3-11 所示;在 C/C++ Compiler 选项中,选取 Preprocessor 选项卡,在 Defined symbols 设置中填写 ZTOOL_P1,如有其他默认设置,在此处全部删掉。

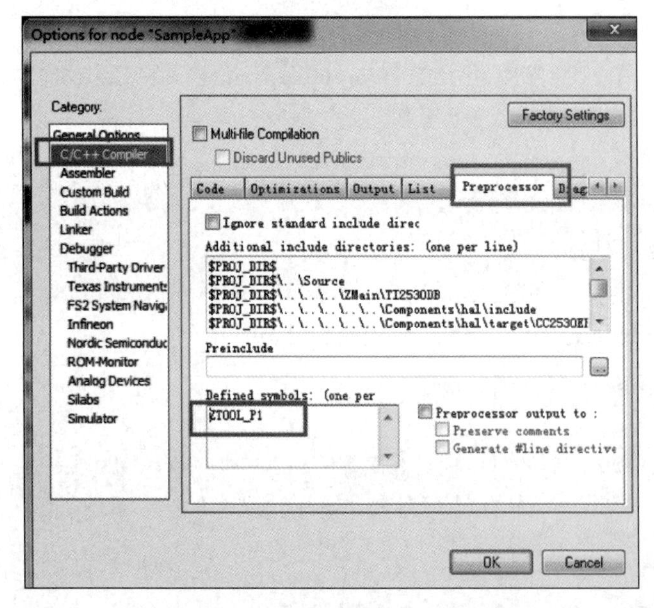

图 3-11 组网工程的调试运行设置

② 删掉工程目录中的 SampleApp.c 和 SampleApp.h 文件。

③ 在 OSAL_SampleApp.c 中,删掉关于 SampleApp 的 TaskID 和 events 数组中的内容,添加本节新建例程 S2App 的任务事件定义和初始化,如图 3-12 和图 3-13 所示。

```
125 #if defined ( ZIGBEE_FREQ_AGILITY ) || de
126   ZDNwkMgr_Init( taskID++ );
127 #endif
128   //SampleApp_Init( taskID++ );
129   S2App_Init(taskID);
130 }
```

图 3-12 S2App 的初始化

④ 每一个无线网络由 PANID 进行唯一标识,为避免多组学生进行组网实验时

```
84   ZDApp_event_loop,
85 #if defined ( ZIGBEE_FREQ_AGILITY ) || d
86   ZDNwkMgr_event_loop,
87 #endif
88   S2App_ProcessEvent
89 };
```

图 3-13　S2App 的事件处理

PANID 冲突，建议修改 PANID，如用四位学号等信息加以区分，如图 3-14 所示。

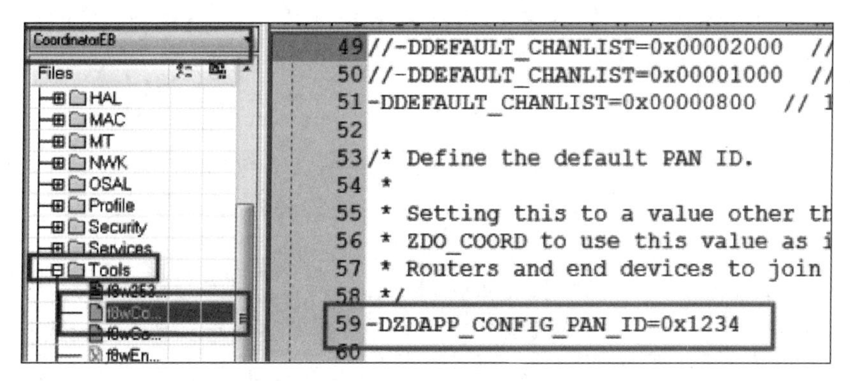

图 3-14　修改 PANID

⑤ 分别编译为协调器和终端节点，并烧写到两个 ZigBee 开发板上，运行，通过串口查看：协调器运行时串口输出字符串 COOR，终端节点运行时串口输出字符串 END。

注意：

本章中的代码通常涉及多个文件，还有一些数据结构的宏定义位于 ZStack 协议栈中，因此，编写代码时，注意逐步编写调试，导入相应的头文件。导入头文件时可在 IAR 中在相关变量代码处右击，采用 goto definition 的方式，查看变量在哪个头文件中，并导入，如：

```
#include "AF.h"   #include "ZDApp.h"
```

编写过程中，一些较长的变量名、宏名称等，尽量复制粘贴，避免低级错误。运行终端节点时，协调器也要运行，以保证终端节点能加入协调器组建的网络中协调器节点上电即可。

3.3　基于 ZStack 协议栈的无线通信

ZigBee 的通信方式主要有点播、组播和广播三种。点播，顾名思义就是点对点通信，也就是两个设备之间的通信，不允许有第三个设备收到信息；组播，就是把网络中的节点分组，每一个组员发出的信息只有相同组号的组员才能收到；广播，就是一个设备上发出的信息所有设备都能接收到，这也是 ZigBee 通信的基本方式。

3.3.1 点播(点对点通信)

点播描述的是网络中两个节点相互通信的过程。确定通信对象的就是节点的16bit 短地址。下面在 SampleApp 例程完通过简单的修改完成点播实验。

【实验 3-2】 ZigBee 网络中的点播。

为了简化大家理解。数据发送和接收的内容按照 3.2.2 小节的基本例程 SampleApp 逐步修改,完成点播功能。

打开 SampleApp 的 Profile 文件夹下的 AF.h 文件,找到如下代码。

```
typedef enum
{
    afAddrNotPresent = AddrNotPresent,
    afAddr16bit       = Addr16bit,
    afAddr64bit       = Addr64bit,
    afAddrGroup       = AddrGroup,
    afAddrBroadcast   = AddrBroadcast
} afAddrMode_t;
```

该类型是一个枚举类型：

当 addrMode= Addr16bit 时,对应点播方式；

当 addrMode= AddrGroup 时,对应组播方式；

当 addrMode= AddrBroadcast 时,对应广播方式。

按照以往的步骤,打开 SampleApp.c 文件可发现已经存在如下代码。

```
afAddrType_t SampleApp_Periodic_DstAddr;
afAddrType_t SampleApp_Flash_DstAddr;
```

这分别是组播和广播的定义。按照组播和广播的定义格式来添加点播定义如下。

```
afAddrType_t  Point_To_Point_DstAddr;          //点对点通信定义
```

对 Point_To_Point_DstAddr 的相关参数进行配置,找到下面的位置,参考 SampleApp_Periodic_DstAddr 和 SampleApp_Flash_DstAddr 进行点播的配置,加入如下代码。

```
// 点对点通信定义
Point_To_Point_DstAddr.addrMode = (afAddrMode_t)Addr16bit;          //点播
Point_To_Point_DstAddr.endPoint = SAMPLEAPP_ENDPOINT;
Point_To_Point_DstAddr.addr.shortAddr = 0x0000;                     //发给协调器
```

第三行代码指明了点播的发送对象的 16 位短地址是 0x0000,也就是协调器的地址。由此可知,本实验任务是节点和协调器之间的点对点通信。

继续添加自定义的点对点发送函数,在 SampleAPP.c 最后加入下面代码。

```
void SampleApp_SendPointToPointMessage( void )
{
  uint8 data[10] = {0,1,2,3,4,5,6,7,8,9};
  if ( AF_DataRequest( &Point_To_Point_DstAddr,
                       &SampleApp_epDesc,
                       SAMPLEAPP_POINT_TO_POINT_CLUSTERID,
                       10,
                       data,
                       &SampleApp_TransID,
                       AF_DISCV_ROUTE,
                       AF_DEFAULT_RADIUS ) == afStatus_SUCCESS )
  {
  }
else
  {
    // Error occurred in request to send.
  }
}
```

还需要在 SampleAPP.c 文件开头添加头函数声明。

```
void SampleApp_SendPointToPointMessage( void );
```

其中,Point_To_Point_DstAddr 之前已经定义,在 SampleApp.h 中加入 SAMPLEAPP_POINT_TO_POINT_CLUSTERID 的定义,代码如下。

```
#define SAMPLEAPP_POINT_TO_POINT_CLUSTERID  3            //传输编号
```

接下来,为了测试程序,需要把 SampleApp.c 文件中的 SampleApp_SendPeriodicMessage()函数替换成刚刚建立的点对点发送函数 SampleApp_SendPointToPointMessage(),这样就能实现周期性点播发送数据了。

在接收方面,进行如下修改:接收 ID 在改成刚定义的 SAMPLEAPP_POINT_TO_POINT_CLUSTERID。由于协调器不允许给自己点播,故周期性点播初始化时,协调器不能初始化。

实验结果:将修改后的程序分别以协调器、路由器、终端的方式下载到3个节点设备中,连接串口。可以看到只有协调器在一个周期内收到信息。也就是说,路由器和终端均与地址为0x00(协调器)的设备通信,不与其他设备通信。实现点对点传输,如图3-15所示。

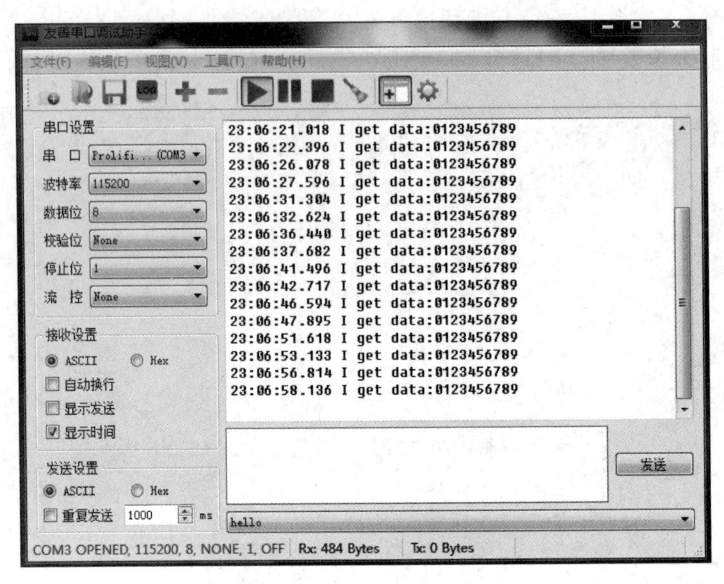

图 3-15 点播运行结果

3.3.2 组播

组播描述的是网络中所有节点设备被分组后组内相互通信的过程。确定通信对象的是节点的组号。下面在 SampleApp 例程完通过简单的修改完成组播实验。数据发送和接收的内容依然按照 3.2.1 小节的格式。修改流程与点播相似。

【实验 3-3】 ZigBee 网络中的组播。

(1) 关注 SampleApp. c 中两项内容。

- 组播 afAddrType_t 的类型变量

```
afAddrType_t SampleApp_Flash_DstAddr;         //组播
```

- 组播内容的结构体

```
aps_Group_t SampleApp_Group;                  //分组内容
```

(2) 组播参数的配置。

```
// Setup for the flash command's destination address - Group 1
  SampleApp_Flash_DstAddr.addrMode = (afAddrMode_t)afAddrGroup;
  SampleApp_Flash_DstAddr.endPoint = SAMPLEAPP_ENDPOINT;
  SampleApp_Flash_DstAddr.addr.shortAddr = SAMPLEAPP_FLASH_GROUP;
```

(3) 已经定义的组信息代码,将 ID 修改成组号相对应,方便以后扩展分组需要。

```
// By default, all devices start out in Group 1
    SampleApp_Group.ID = SAMPLEAPP_FLASH_GROUP;                //0x0001;
    osal_memcpy( SampleApp_Group.name, "Group 1", 7 );
aps_AddGroup( SAMPLEAPP_ENDPOINT, &SampleApp_Group );
```

在 SampleApp.h 里面可以看到组号为 0x0001。

```
// Group ID for Flash Command
#define SAMPLEAPP_FLASH_GROUP        0x0001
```

(4) 在 SampleAPP.c 最后面添加自己的组播发送函数,代码如下。

```
void SampleApp_SendGroupMessage( void )
{
  uint8 data[10] = {'0','1','2','3','4','5','6','7','8','9'};      //自定义数据
if ( AF_DataRequest( & SampleApp_Flash_DstAddr,
                       &SampleApp_epDesc,
                       SAMPLEAPP_FLASH_CLUSTERID,
                       10,
                       data,
                       &SampleApp_TransID,
                       AF_DISCV_ROUTE,
                       AF_DEFAULT_RADIUS ) == afStatus_SUCCESS )


  else
  {
    // Error occurred in request to send.
  }
}
```

(5) 添加函数后要在 SampleApp.c 函数声明里加入如下代码。

```
void SampleApp_SendGroupMessage(void);      //组播通信发送函数定义. 否则编译将报错
```

SAMPLEAPP_FLASH_CLUSTERID 的定义如下所示。

```
#define SAMPLEAPP_FLASH_CLUSTERID     2
```

(6) 为了测试程序,把 SampleApp.c 文件中的 SampleApp_SendPeriodicMessage()函数替换成刚刚建立的组播发送函数 SampleApp_SendGroupMessage(),这样就能实现周期性组播发送数据了。

(7) 在接收方面,进行如下修改:组播接收函数改成我们自己来获取数据。

```
case SAMPLEAPP_FLASH_CLUSTERID:
HalUARTWrite(0,"RouterDeviceReceived!",21);            //用于提示有数据
```

```
HalUARTWrite(0, &pkt->cmd.Data[0],10);          //打印收到数据
HalUARTWrite(0,"\n",1);                          //回车换行,便于观察
```

实验结果：将修改后的程序分别以一个协调器、两个路由器的方式下载到 3 个设备，把协调器和路由器组号 1 设置成 0x0001，路由器设备 2 组号设成 0x0002，如图 3-16 所示。连接串口，可以观察到只有 0x0001 的两个设备相互发送信息。（注意：终端设备不参与组播信息收发）。

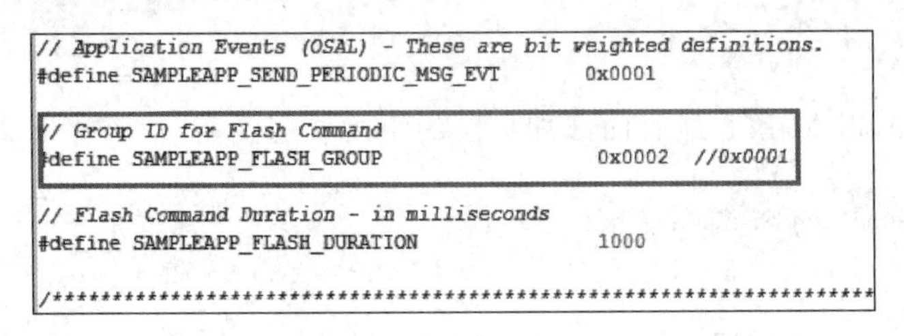

```
// Application Events (OSAL) - These are bit weighted definitions.
#define SAMPLEAPP_SEND_PERIODIC_MSG_EVT       0x0001

// Group ID for Flash Command
#define SAMPLEAPP_FLASH_GROUP                 0x0002  //0x0001

// Flash Command Duration - in milliseconds
#define SAMPLEAPP_FLASH_DURATION              1000

/**********************************************************************
```

图 3-16 组播路由器组号设置

知识扩展：

终端设备不参与组播信息收发，原因是 SampleApp 例程中终端设备默认采用睡眠中断的工作方式，射频不是一直工作，假如下载组播例程到终端，会发现不能正常接收组播信息。如果确实需要使用终端设备参与组播，则可以参考以下方法：

在 ZigBee 协议规范中规定，睡眠中断不接收组播信息，如果一定想要接收组播信息，只有将终端的接收机一直打开，这样就可以接收了。具体做法为：将 f8config.cfg 配置文件中的-RFD_RCVC_ALWAYS_ON＝FALSE 改为-RFD_RCVC_ALWAYS_ON＝TRUE 就可以了。

每隔 5s，串口会显示两个字符串“RouterDeviceReceived!”，同时开发板 A 和开发板 B 的 LED 每隔 5s 点亮一次，开发板 C 的 LED 灯始终处于熄灭状态。实验测试结果如图 3-17 所示。

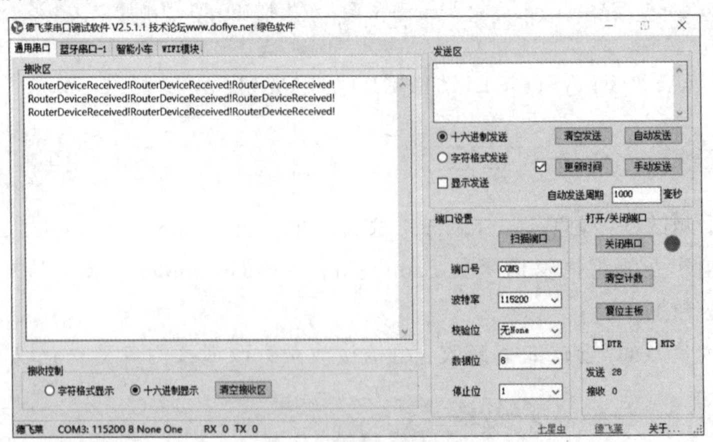

图 3-17 组播运行结果

3.3.3　广播

广播就是任何一个节点设备发出广播数据，网络中的任何设备都能接收到。有了点播和组播的实验基础，广播的实验进行起来就得心应手了。广播的定义都是协议栈预先定义好的。因此，直接运用即可。

【实验 3-4】 ZigBee 网络中的广播。

（1）在协议栈 SampleApp 中找到广播参数的配置，代码如下。

```
SampleApp_Periodic_DstAddr.addrMode = (afAddrMode_t)AddrBroadcast;
SampleApp_Periodic_DstAddr.endPoint = SAMPLEAPP_ENDPOINT;
SampleApp_Periodic_DstAddr.addr.shortAddr = 0xFFFF;
```

0xFFFF 是广播地址。协议栈广播地址主要有 3 种类型，具体的定义如下。

- 0xFFFF　数据包将被传送到网络上的所有设备，包括睡眠中的设备。对于睡眠中的设备，数据包将被保留在其父亲节点直到查询到它，或者消息超时。
- 0xFFFD　数据包将被传送到网络上的所有在空闲时打开接收的设备（RXONWHENIDLE），也就是说，除了睡眠中的所有设备。
- 0xFFFC　数据包发送给所有的路由器，包括协调器。

（2）在广播实验中，使用默认的 0xFFFF。

在 SampleApp.c 中找到自带的周期性发送函数，修改代码如下。

```
void SampleApp_SendPeriodicMessage( void )
{
uint8 data[10] = {'0','1','2','3','4','5','6','7','8','9'};              //自定义
//数据
if ( AF_DataRequest( &SampleApp_Periodic_DstAddr,
&SampleApp_epDesc,
                         SAMPLEAPP_PERIODIC_CLUSTERID,
                         10,
                         data,
                         &SampleApp_TransID,
                         AF_DISCV_ROUTE,
                         AF_DEFAULT_RADIUS ) == afStatus_SUCCESS )
  {
}
  else
  {
    // Error occurred in request to send.
  }
}
```

（3）在 SampleApp.h 中增加广播传输编号的宏定义如下。

```
#define SAMPLEAPP_PERIODIC_CLUSTERID  1          //广播传输编号
```

(4) 测试程序，按照原来代码保留函数 SampleApp_SendGroupMessage()，这样就能实现周期性广播发送数据了。

在接收方面，在 SampleApp_MessageMSGCB()函数中，默认接收 ID 就是刚定义的周期性广播发送 ID。

```
case SAMPLEAPP_PERIODIC_CLUSTERID:
```

因此，当接收到广播消息后，会调用 SampleApp_MessageMSGCB()，即消息回调函数，在消息回调函数中进入此 case 分支，在该 case 分支中可以编写接收到广播消息后的响应程序。例如，将接收到的广播消息发送至串口，在上位机串口调试助手中显示。

实验结果：将修改后的程序分别以协调器、路由器、终端的方式下载到 3 个设备，可以看到各个设备都在广播发送信息，同时也接收广播信息，如图 3-18 所示。

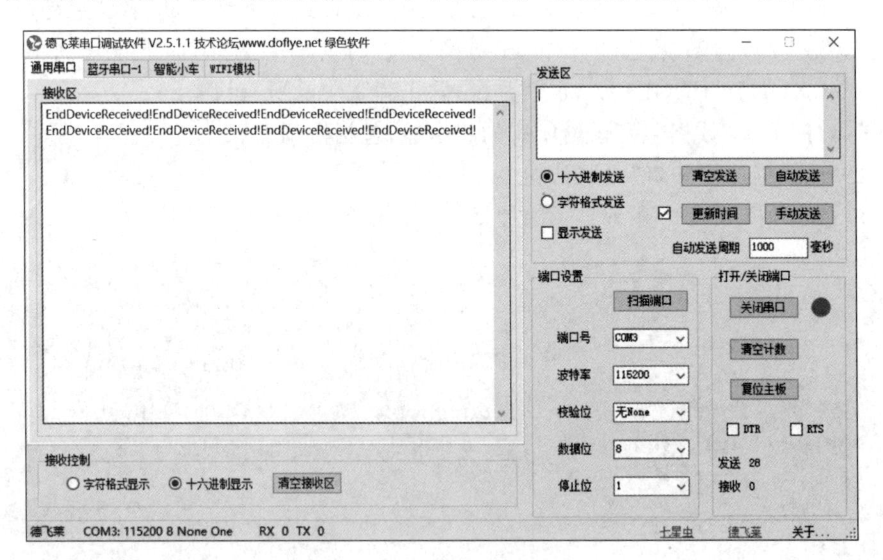

图 3-18 广播运行结果

3.4 RFID 刷卡及无线传输

射频识别(Radio Frequency Identification，RFID)，其原理为阅读器与标签之间进行非接触式的数据通信，达到识别目标的目的。RFID 的应用非常广泛，典型应用有动物晶片、汽车晶片防盗器、门禁管制、停车场管制、生产线自动化、物料管理。

完整的 RFID 系统由读卡器(Reader)、电子标签(Tag)和数据管理系统三部分组成。

本节例程基于 3.2.2 小节中组建好的 ZigBee 网络。网络中包含一个终端节点和一个协调器。读卡器通过串口透传的方式与终端节点相连,读卡信息交给终端节点,终端节点通过无线传输的方式将卡号发送给协调器。协调器将收到的卡片信息通过串口发送给上位机,上位机在串口助手中查看卡号。

本节例程所使用的读卡器型号为 MD9291 读写模块,其外形如图 3-19 所示,其使用手册详见本书电子资源。

图 3-19　读卡器 MD9291 读写模块外观

本节例程采用的电子标签,即卡片,制式为 1443A 类型,其卡片信息可有配套的读卡器读取。后续的数据处理过程,即对卡片信息数据的处理,本节例程中由串口调试助手的卡号数据显示替代。在学习了物联网应用层的服务器、移动端开发后,可以处理卡号,如验证卡号登录、通过卡号计费等。

作为 RFID 读卡器的电子标签,即卡片,是没有电池的。在读卡器中的天线会向外辐射电磁波,如果卡接近电磁波磁场范围内,就会产生 RC 振荡,如果和 RC 电路的发射频率相同,卡的 RC 电路上就会产生电流,电流存储在电容中。在卡和读卡器通信时,电容就作为卡内芯片的电源。

在读卡器工作过程中,会以查询的方式不断地发送寻卡命令。当卡片靠近读卡器时,卡内芯片工作后会收到寻卡命令,给读卡器一个回应,该回应是卡内预存的卡号。由于可能会有多个卡片同时靠近读卡器,读卡器收到卡号后,还要进行防碰撞和选卡工作。在防碰撞和选卡之后,就可以对卡片内的存储控件进行读写操作了。在对卡片存储区进行读写操作之前,还要给卡片发送暂停指令,避免卡片不断地给读卡器回应。

如果在编程过程中逐一实现上述的寻卡、防碰撞、选卡、暂停等读卡器动作,程序将非常冗长。通过查阅读卡器使用手册可知,在编程过程中,只要使用卡片激活命令,即可对上述过程进行类似于批处理的整体操作。

通过手册中可知,读卡器发送如表 3-2 所示的数据帧,即可执行卡片激活命令,开始读卡动作。

表 3-2　主机发送数据帧

SOF	Length	ADD	CMD	Data	BCC
86	06	00	2C	26 00	8A

当有卡片靠近读卡器时,会显示模块正确返回数据帧,如表 3-3 所示。

表 3-3　模块正确返回数据帧

SOF	Length		ADD	CMD	Data	BCC
86	0D		00	2C	04 00 08 00 04 4C 51 E4 7B	2D

其中,4C 51 E4 7B 即为 RFID 卡号。

当没有卡片靠近时,会收到模块错误返回数据帧,如表 3-4 所示。

表 3-4 模块错误返回数据帧

SOF	Length	ADD	$\overline{\text{CMD}}$	Data	BCC
86	05	00	D3	83	D3

通过对命令格式的分析,我们可知,数据帧的帧头是 0x86,数据帧的内容都是 ASCII 码形式。无论是否有卡片靠近,执行卡片激活命令后,都会返回结果数据帧(正确或错误)。下面的例程中,将采用不断查询的方式进行读卡,没有卡靠近读卡器时,一直显示模块错误返回的十六进制字符信息。

【实验 3-5】 RFID 刷卡及无线传输。

实验目的:完成 RFID 功能模块的单例测试,终端节点从串口收到 RFID 读卡器读到的卡号后,通过 ZigBee 网络向协调器发送;协调器收到后,通过串口发送给 PC 机,由串口调试助手观察结果。

软硬件环境:pl2303USB 转串口模块;读卡器模块,RFID 卡片;杜邦线。一端插在读卡器模块的 wakeup 引脚上,一端接 3.3V 电源。两块 ZigBee 开发板,一个作为终端节点,接读卡器,一个作为协调器,接 pl2303,如图 3-20 和图 3-21 所示。

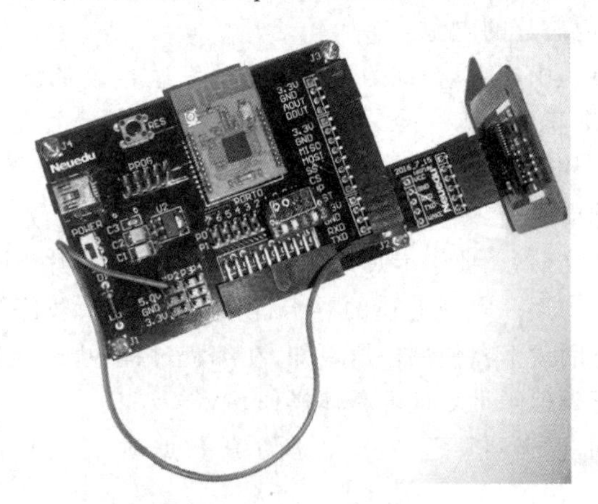

图 3-20 终端节点+读卡器

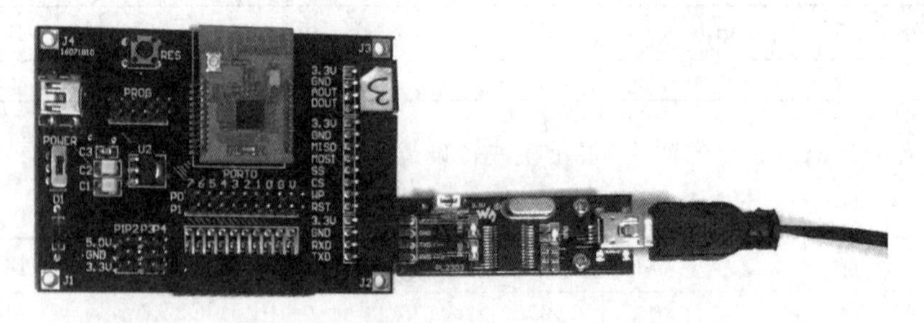

图 3-21 协调器节点+串口 PL2303

软件：before文件夹中：空的工程：s2.rar

后续改进：协调器解析收到字符串中的卡号信息(4字节,参考手册),并将卡号信息向云平台或网关等设备发送。

主要编程思路是终端节点接收串口传来的RFID数据,并向协调器发送,串口传来RFID数据,会调用串口回调函数,在串口回调函数中向协调器发送数据。协调器只负责接收数据并在串口打印输出查看。

(1) 实验前软件准备

修改工程panid：打开工程目录树中的Tools文件夹,找到文件f8wConfig.cfg,修改自定义的PANID,以免多组实验时造成网络冲突。

```
-DZDAPP_CONFIG_PAN_ID=0x6665
```

修改波特率：由于读卡器的波特率是9600b/s,因此,打开工程目录树中的ZMain文件夹下的OnBoard.c,修改波特率。

```
uartConfig.baudRate              = HAL_UART_BR_9600;
```

(2) 编写程序。

① 终端节点从串口接收RFID数据并发送。

a) 该例程分终端节点和协调器两部分编写。终端节点要通过读卡器接收卡号,周期性向协调器发送数据。因此,首先找到终端节点事件的起始代码,位于S2App_ProcessEvent事件处理函数中。在该函数中,可以看到switch case ZDO_STATE_CHANGE:这样的分支结构,在此分支结构下的语句：

```
else if(S2App_NwkState == DEV_END_DEVICE)
{
    osal_start_timerEx(S2AppTaskID,S2APP_END_DEVICE_PERIODIC_MSG_EVT,1000);
}
```

即为终端节点周期新发送数据的起始位置。通过该分支,可以找到关于S2APP_END_DEVICE_PERIODIC_MSG_EVT事件的判断处理代码,即可在代码块中添加读卡函数。

```
if(events & S2APP_END_DEVICE_PERIODIC_MSG_EVT)
  {

    S2APP_ReadCard();
    osal_start_timerEx(S2AppTaskID,S2APP_END_DEVICE_PERIODIC_MSG_EVT,1000);

    return (events ^SymbolYCp S2APP_END_DEVICE_PERIODIC_MSG_EVT);
  }
```

b）完成读卡函数 S2APP_ReadCard()，代码如下所示。

```
void S2APP_ReadCard(void){
  //设置卡片激活命令
  uint8 RfidCmd[] = {0x86,0x06,0x0,0x2C,0x26,0x00,0x8A};
  //将卡片激活命令从终端节点的串口发送给读卡器模块
  HalUARTWrite(0,RfidCmd,sizeof(RfidCmd)/sizeof(RfidCmd[0]));
}
```

c）S2APP_ReadCard()函数的原型声明如下。

```
void S2App_Init( uint8 task_id );
uint16 S2App_ProcessEvent( uint8 task_id, uint16 events );
void UartCallback(uint8 port,uint8 event);
void S2APP_EndSendPeriodicMsg(uint8 * nfpBuf,uint8 len);
void S2App_MessageMSGB(afIncomingMSGPacket_t * pkt);
void S2APP_ReadCard(void);                        //读卡函数的原型声明
```

d）串口回调函数，当终端节点的串口收到 RFID 读卡器读到的数据即向协调器发送数据。

```
uint8 rxBuf[128];
void UartCallback(uint8 port,uint8 event)              //串口回调函数
{//只要终端节点的串口收到了读卡器的数据，就向协调器发送
  //(调用终端节点发消息函数)
   uint16 rxCount;
  if(event&HAL_UART_RX_TIMEOUT)
  {
    osal_memset(rxBuf,0,20);                           //缓冲区清零
    rxCount = Hal_UART_RxBufLen(0);                    //读出缓冲区长度
    //读串口，把读卡器的数据通过串口读入到终端节点中
    HalUARTRead(0,rxBuf,rxCount);                      //读入到 rxBuf 数组中
    //把读到的读卡器内容由终端节点向协调器发送
    S2APP_EndSendPeriodicMsg(rxBuf,rxCount);
  }
}
```

e）实现函数 S2APP_EndSendPeriodicMsg(rxBuf,rxCount)。

写到这里，大家可以回顾一下 ZStack API 中提供的两个重要函数：afRegister()用于网络注册，AF_DataRequest()用于网络数据无线传输。在本函数中，即调用了 AF_DataRequest()函数，将读卡器数据传送给协调器。

```
void S2APP_EndSendPeriodicMsg(uint8 * nfcBuf,uint8 len){     //终端节点发消息
  afStatus_t ret;                                             //zstackAPI
  ret = AF_DataRequest(&S2APP_Periodic_DstAddr,
```

```
                        &S2App_epDesc,
                        S2APP_NFC_CLUSTER_ID,
                        len,
                        nfcBuf,
                        &S2App_TransID,
                        AF_DISCV_ROUTE,
                        AF_DEFAULT_RADIUS);
}
```

完成函数的定义后，将 S2APP_EndSendPeriodicMsg(rxBuf,rxCount)函数原型声明添加至 s2App.c 文件的函数声明代码区域即可，代码如下。

```
void S2App_Init( uint8 task_id );
uint16 S2App_ProcessEvent( uint8 task_id, uint16 events );
void UartCallback(uint8 port,uint8 event);
void S2APP_EndSendPeriodicMsg(uint8 * nfpBuf,uint8 len);      //添加函数原型声明
void S2App_MessageMSGB(afIncomingMSGPacket_t * pkt);
void S2APP_ReadCard(void);
```

② 协调器接收消息，并向串口打印输出。

a) AF_INCOMING_MSG_CMD 分支：协调器接收到的是终端节点发来的 RFID 消息，在 AF_INCOMING_MSG_CMD 分支中，代码如下。

```
case AF_INCOMING_MSG_CMD://协调器收到消息的事件
        S2App_MessageMSGB(MSGpkt);          //协调器收消息
```

因此，依据该分支实现函数 void S2App_MessageMSGB(afIncomingMSGPacket_t * pkt)，代码如下。

```
//协调器收消息
void S2App_MessageMSGB(afIncomingMSGPacket_t * pkt)
{//将收到的消息向串口 PL2303 打印输出
   uint8 DeviceType;
  DeviceType = pkt->clusterId;
  if(DeviceType == S2APP_NFC_CLUSTER_ID){
    HalUARTWrite(0,pkt->cmd.Data,pkt->cmd.DataLength);
  }
}
```

添加 void S2App_MessageMSGB(afIncomingMSGPacket_t * pkt)原型声明。

```
void S2App_Init( uint8 task_id );
uint16 S2App_ProcessEvent( uint8 task_id, uint16 events );
void UartCallback(uint8 port,uint8 event);
void S2APP_EndSendPeriodicMsg(uint8 * nfpBuf,uint8 len);
```

```
void S2App_MessageMSGB(afIncomingMSGPacket_t * pkt);     //协调器收到消息后向串口打
                                                           印输出的函数原型声明
void S2APP_ReadCard(void);
```

(3) 调试运行。

串口调试助手：波特率设为9600b/s，设置为十六进制显示（十六进制显示的内容便于和NFC用户手册中的数据帧格式对比分析）。

将带有读卡器的ZigBee模块烧写为终端节点，将连接pl2303的ZigBee模块烧写为协调器；用串口助手查看协调器的串口输出，可观察到，读卡器读到的卡片信息，通过串口发送给终端节点，终端节点将卡片信息无线传输至协调器。最终，卡片信息通过协调器串口输出至上位机显示。

3.5 习题

1. 如果在ZigBee网络中实现点对点的通信，需要使用________地址模式；在ZigBee网络中协调器需要网络中的每个设备都收到数据使用________模式。

2. 下列哪个选项不是CC2530数据帧的基本结构组成部分？（　　）

A. 同步头　　B. 需要传输的数据

C. 帧尾　　D. 数据类型符

3. 中国使用的ZigBee工作的频段是________，定义了________信道。

4. 在ZigBee协议架构中哪一组是属于IEEE 802.15.4标准定义的？（　　）

A. 物理层和MAC层　　B. 网络层和MAC层

C. 物理层和网络层　　D. 应用层和MAC层

5. 阐述ZigBee技术的特点：

6. 下列（　　）不属于ZigBee的拓扑结构。

A. 星形　　B. 树形

C. 网状　　D. 总线型

7. OSAL提供的信息管理API函数有________、________、________和________。

8. MAC层提供________和________，并负责数据成帧。

9. ZigBee网络结构分为4层，从下至上分别为________、________、________和________。

10. ZDO提供了ZigBee设备管理功能包括________、________、________、________和________等服务。

11. 以下（　　）项用于存储被识别物体的标识信息？

A. 天线　　B. 电子标签

C. 读写器　　D. 计算机

12. RFID 属于物联网的(　　)层。

A. 应用　　B. 网络

C. 业务　　D. 感知

13. 射频识别技术主要是基于(　　)和(　　)方式进行信息传输的。

A. 声波　　B. 电场

C. 双绞线　　D. 磁场

14. 超高频 RFID 卡的作用距离(　　)。

A. 小于 10cm　　B. 1～20cm

C. 3～8m　　D. 大于 10m

15. RFID 卡的读取方式(　　)。

A. CCD 或光束扫描　　B. 电磁转换

C. 无线通信　　D. 电擦除、写入

16. RFID 卡(　　)可分为只读(R/O)标签、读写(R/W)标签和 CPU 标签。

A. 按供电方式分　　B. 按工作频率分

C. 按通信方式分　　D. 按标签芯片分

17. (多选题) RFID 标签的分类按通信方式分包括(　　)。

A. 主动式标签(TTF)　　B. 被动式标签(RTF)

C. 有源(Active)标签　　D. 无源(Passive)标签

18. (多选题) RFID 标签的分类按工作频率分有(　　)。

A. 低频(LF)标签　　B. 高频(HF)标签

C. 超高频(UHF)标签　　D. 微波(uW)标签

19. (多选题)RFID 的技术特点有(　　)。

A. 非接触式,中远距离工作　　B. 大批量、由读写器快速自动读取

C. 信息量大、可以细分单品　　D. 芯片存储,可多次读取

20. (多选题) RFID 标签的分类按供电方式分有(　　)。

A. 高频标签　　B. 低频标签

C. 有源(Active)标签　　D. 无源(Passive)标签

第4章 CHAPTER 4 物联网感知层

4.1 传感器基础知识

物联网层次结构自下向上依次是感知层、网络层和应用层。感知层位于物联网三层结构中的最低层,其功能为"感知",即通过传感网络获取环境信息。感知层是物联网信息采集的关键部分。

4.1.1 传感器的分类

传感器是一种检测装置,能感受到被测量的信息,并能将感受到的信息,按一定规律变换成为电信号或其他所需形式的信息输出,以满足信息的传输、处理、存储、显示、记录和控制等要求。

传感器可以从多种角度加以分类,如图4-1所示。

(1) 按用途可以分为压力敏和力敏传感器、位置传感器、液位传感器、能耗传感器、速度传感器、加速度传感器、射线辐射传感器、热敏传感器等。

(2) 按原理可以分为振动传感器、湿敏传感器、磁敏传感器、气敏传感器、真空度传感器、生物传感器等。

(3) 按输出信号可分为模拟传感器、数字传感器和开关传感器。

- 模拟传感器:将被测量的非电学量转换成模拟电信号。
- 数字传感器:将被测量的非电学量转换成数字输出信号(包括直接和间接转换)。
- 开关传感器:当一个被测量的信号达到某个特定的阈值时,传感器相应地输出一个设定的低电平或高电平信号。

(4) 按测量目可分为物理型、化学型和生物型传感器。

- 物理型传感器是利用被测量物质的某些物理性质发生明显变化的特性制成的。
- 化学型传感器是利用能把化学物质的成分、浓度等化学量转化成电学量的敏感元件制成的。

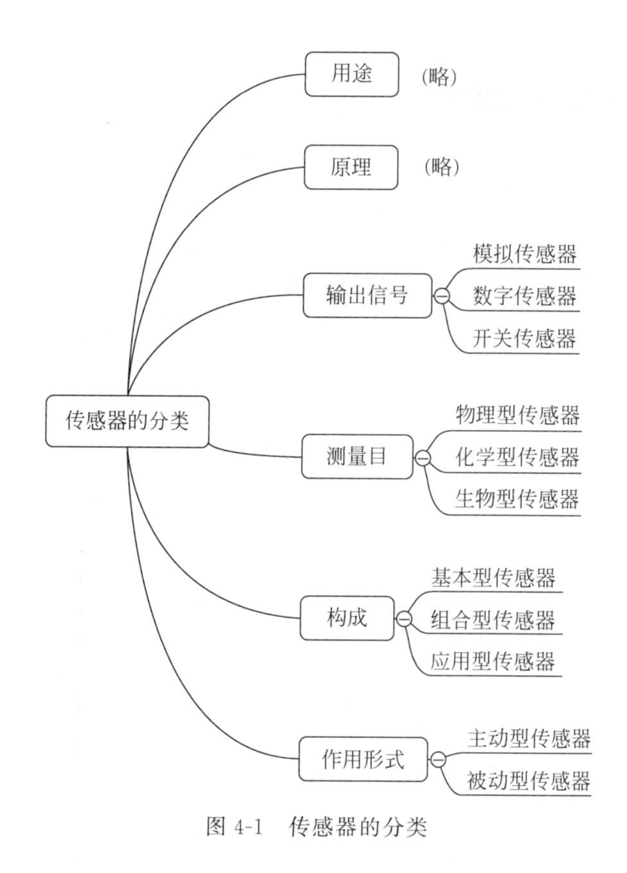

图 4-1　传感器的分类

- 生物型传感器是利用各种生物或生物物质的特性做成的，用以检测与识别生物体内化学成分的传感器。

(5) 按其构成可分为基本型、组合型和应用型传感器。

- 基本型传感器：是一种最基本的单个变换装置。
- 组合型传感器：是由不同单个变换装置组合而构成的传感器。
- 应用型传感器：是基本型传感器或组合型传感器与其他机构组合而构成的传感器。

(6) 按作用形式可分为主动型传感器和被动型传感器。

- 主动型传感器又可分为作用型和反作用型两种，此种传感器对被测对象能发出一定探测信号，能检测探测信号在被测对象中所产生的变化，或者由探测信号在被测对象中产生某种效应而形成信号。检测探测信号变化方式的称为作用型，检测产生响应而形成信号方式的称为反作用型。雷达与无线电频率范围探测器是作用型实例，而光声效应分析装置与激光分析器是反作用型实例。
- 被动型传感器只是接收被测对象本身产生的信号，如红外辐射温度计、红外摄像装置等。

4.1.2 传感器的选择与应用

1. 选型原则

要进行一个具体的测量工作，首先要考虑采用何种原理的传感器，这需要分析多方面的因素之后才能确定。因为，即使测量同一物理量，也有多种原理的传感器可供选用。哪一种原理的传感器更为合适，则需要根据被测量的特点和传感器的使用条件考虑以下一些具体问题：量程的大小；被测位置对传感器体积的要求；测量方式为接触式还是非接触式；信号的引出方法，有线或是非接触测量；传感器的来源，国产还是进口，价格能否承受，还是自行研制。在考虑上述问题之后就能确定选用何种类型的传感器，然后再考虑传感器的具体性能指标。

2. 灵敏度的选择

通常，在传感器的线性范围内，传感器的灵敏度越高越好。只有灵敏度高时，与被测量变化对应的输出信号的值才比较大，有利于信号处理。注意，传感器的灵敏度高，与被测量无关的外界噪声也容易混入，也会被放大系统放大，影响测量精度。因此，要求传感器本身具有较高的信噪比，尽量减少从外界引入的干扰信号。

3. 频率响应特性

传感器的频率响应特性决定了被测量的频率范围，必须在允许频率范围内保持不失真。实际上传感器的响应总有一定延迟，希望延迟时间越短越好。传感器的频率响应越高，可测的信号频率范围就越宽。在动态测量中，应根据信号的特点（稳态、瞬态、随机等）选择响应特性合适的传感器，以免产生过大的误差。

4. 稳定性

传感器使用一段时间后，其性能保持不变的能力称为稳定性。影响传感器长期稳定性的因素除传感器本身结构外，主要是传感器的使用环境。因此，要使传感器具有良好的稳定性，传感器必须有较强的环境适应能力。

在选择传感器之前，应对其使用环境进行调查，并根据具体的使用环境选择合适的传感器，或采取适当的措施，减小环境的影响。

传感器的稳定性有定量指标，在超过使用期后，在使用前应重新进行标定，以确定传感器的性能是否发生变化。

在某些要求传感器能长期使用而又不能轻易更换或标定的场合，所选用的传感器稳定性要求更严格，要能够经受住长时间的考验。

5. 精度

精度是传感器的一个重要的性能指标，它是关系整个测量系统测量精度的一个重要环节。传感器的精度越高,其价格越昂贵,因此,传感器的精度只要满足整个测量系统的精度要求就可以,不必选得过高。

如果测量目的是定性分析,选用重复精度高的传感器即可,不宜选用绝对量值精度高的;如果是为了定量分析,必须获得精确的测量值,就需选用精度等级能满足要求的传感器。

对某些特殊使用场合,无法选到合适的传感器,则需自行设计制造传感器。自制传感器的性能应满足使用要求。

4.2 典型的传感器应用

本章介绍的 DHT11 温湿度传感器、液位传感器、超声测距传感器和土壤湿度传感器,成本较低,在实训项目中利用率较高。基于第 3 章的物联网网络层架构,本节的传感器均应连接于 ZigBee 终端节点开发板的串口位置,VCC 引脚和 GND 引脚分别按照传感器使用手册供电和接地。传感器采集的数据通过串口发送给终端节点,终端节点将数据无线传输至协调器,协调器可进行简单的数据处理,或将数据传送至物联网服务器,在服务器端进行数据存储和处理分析。

因此,本节的传感器应用例程均给出以_Init()为后缀名称的函数,用于传感器工作状态初始化;同时采用以_GetVal()为后缀名称的函数,用于处理并返回传感器测量结果。因此,本节的传感器应用例程均给出以_Init()为后缀名称的函数,用于传感器工作状态初始化;同时采用以_GetVal()为后缀名称的函数,用于处理并返回传感器测量结果。读者可以在终端节点的网络状态分支中调用 *** _Init()函数,在加入网络时即对传感器进行工作状态初始化;在终端节点的周期性发送数据函数中调用 *** _GetVal()函数,用于周期性地采集感知数据,并上传给协调器。

为简化传感器应用流程,分层完成物联网实训项目的程序开发,在工程目录树的 App 文件夹下新建 Sensor 文件夹,用于存放传感器对应的源程序文件(.c 文件)和头文件(.h)文件,并创建 SmartSensorMain.c 和 SmartSensorMain.h 文件,定义 *** _Init()函数和 *** _getVal()函数的调用流程。定义传感器感知数据成功和失败的宏定义如下。

```
#define SMART_SENSOR_GET_OK          0x01
#define SMART_SENSOR_GET_ERR         0x00
```

为使程序架构清晰,将延时函数加以封装。在工程目录书的 App 文件夹下新建 TimerService 文件夹。用 SmartTimer.c 封装一定时长的延时函数,代码如下。

【SmartTimer.c】

```
#include "osal.h"
#include "SmartTimer.h"
#include "OnBoard.h"
```

```
#define TIMER_INIT_NO        0x0
#define TIMER_INIT_OK        0x1
uint16 TimerCount;                                  //微秒计数值
uint16 SensorCount = 1;                             //计数阈值
uint8 TimerInitFlag = TIMER_INIT_NO;                //timer 初始化标志
SmartTimerCB_t SmartTimerCB = NULL;                 //timer 回调函数
static void SmartTimer_Init(void)
{
  T3CTL = 0xEA;
  T3CCTL0 |= 0x1 << 2;
  T3CC0 = 249;                                      //每毫秒中断一次
  T3IE = 1;
  T3CTL |= 0x1 << 4;
}
void SmartTimer_Start(uint16 TimerPeriosMs,SmartTimerCB_t TimerCB)
{
  SmartTimerCB = TimerCB;
  SensorCount = TimerPeriosMs;
  if(TimerInitFlag == TIMER_INIT_NO)
  {
    SmartTimer_Init();
    TimerInitFlag = TIMER_INIT_OK;
  }
}
HAL_ISR_FUNCTION( SetTimerIsr, T3_VECTOR )
{
  if(TimerCount == SensorCount)
  {
    if(SmartTimerCB)
    {
      SmartTimerCB();
    }
    TimerCount = 0;
  }
  TimerCount++;
}
void Delay_us(void)                                 //1μs 延时
{
    MicroWait(1);
}
void Delay_10us(void)                               //10μs 延时
{
  MicroWait(10);
}
void Delay_ms(uint16 Time)//n ms 延时
{
```

```
    unsigned char i;
    while(Time -- )
    {
      for(i = 0;i < 100;i++)
       Delay_10us();
    }
}
```

【SmartTimer. h】

```
#ifndef __SMARTTIMER_H__
#define __SMARTTIMER_H__
typedef void ( * SmartTimerCB_t)(void);
void SmartTimer_Start(uint16 TimerPeriosMs,SmartTimerCB_t TimerCB);
void Delay_us(void);                    //1μs 延时
void Delay_10us(void);                  //10μs 延时
void Delay_ms(uint16 Time);             //n ms 延时
#endif
```

4.2.1　DHT11 温湿度传感器

DHT11 数字温湿度传感器是一款含有已校准数字信号输出的温湿度复合传感器，它应用专用的数字模块采集技术和温湿度传感技术，确保产品具有极高的可靠性和卓越的长期稳定性。传感器包括一个电阻式感湿元件和一个 NTC 测温元件，并与一个高性能 8 位单片机相连接。因此，该产品具有品质卓越、超快响应、抗干扰能力强、性价比极高等优点。每个 DHT11 传感器都在极为精确的湿度校验室中进行校准。校准系数以程序的形式存在 OTP 内存中，传感器内部在检测型号的处理过程中要调用这些校准系数。测量的温湿度数据采用单线制串行接口传输，使系统集成变得简易快捷。该传感器的体积小、功耗极低，信号传输距离可达 20m 以上，适合于一般物联网温湿度感知的应用场合。产品为 4 针单排引脚封装，连接方便。其典型应用电路如图 4-2 所示，外观如图 4-3 所示。

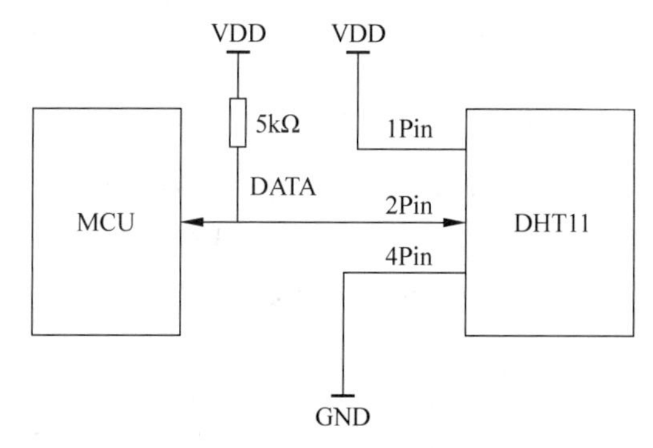

图 4-2　温湿度传感器电路图

图 4-3　温湿度传感器外观

DHT11 与 MCU 通信采用单总线数据格式，一次传输 5 字节即 40 位数据，高位在先。具体数据格式如下(当前小数部分留作扩展，现读出为零)。

8 位湿度整数数据+8 位湿度小数数据+8 位温度整数数据+8 位温度小数数据+8 位校验和若数据传送正确，则(8 位湿度整数数据+8 位湿度小数数据+8 位温度整数数据+8 位温度小数数据)所得结果的末 8 位与 8 位校验和相等。温湿度传感器的通信过程如图 4-4 所示。

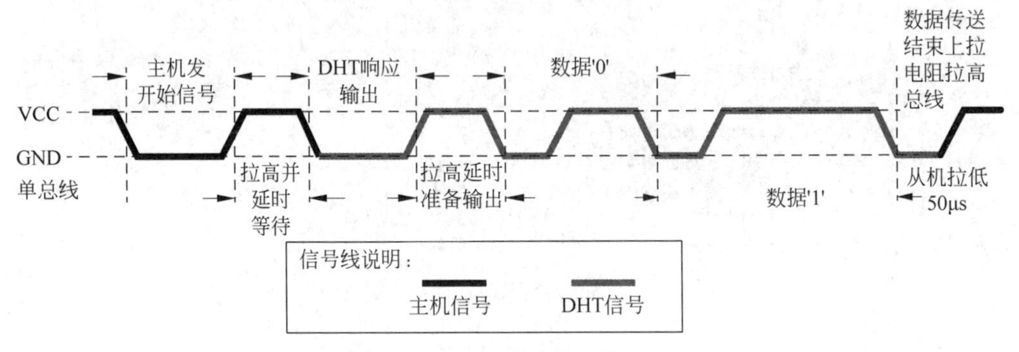

图 4-4　温湿度传感器通信过程

MCU 控制相关引脚产生一个大于 18ms 的负脉冲为一个起始信号，DHT11 接收到主机的开始信号后，等待主机开始信号结束，然后发送 80μs 低电平响应信号。主机发送开始信号结束后，延时等待 20～40μs 后，读取 DHT11 的响应信号，主机发送开始信号后，可以切换到输入模式，或者输出高电平均可，总线由上拉电阻拉高，如图 4-5 所示。

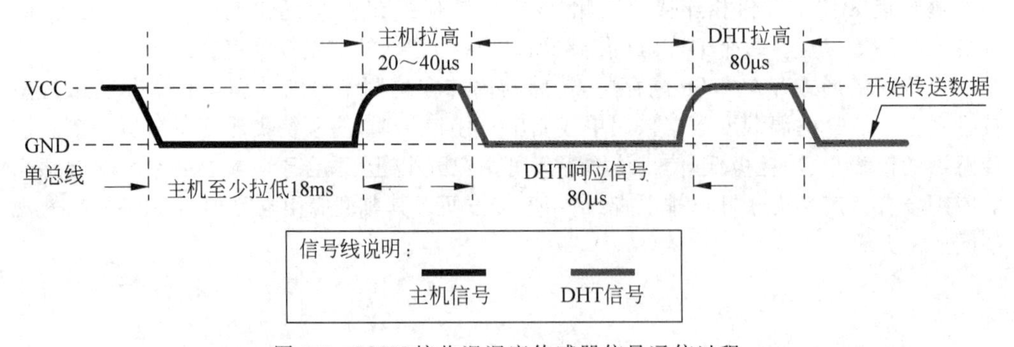

图 4-5　MCU 接收温湿度传感器信号通信过程

若总线为低电平，说明 DHT11 发送响应信号，DHT11 发送响应信号后。然后总线被拉高，当总线被拉低时，准备发送数据。每位数据都以 50μs 低电平时隙开始，高电平持续时间的长短决定了数据位是 0 还是 1(26～28μs 为数据 0，70μs 为数据 1)。

【SmartDHT11.h】

```
#ifndef __SMARTDHT11_H__
#define __SMARTDHT11_H__
```

```
void SmartDHT11_Init(uint8 TaskID);
uint8 SmartDHT11_GetVal(uint8 * buf,uint8 * buflen);
#endif
```

【SmartDHT11.c】

```
#include "OnBoard.h"
#include "osal.h"
#include "SmartDHT11.h"
#include "SmartTimer.h"
#include "SmartSensorMain.h"
#include "stdio.h"
#define SMARTDHT11_PIN              P0_0
#define SMARTDHT11_SET_BIT          0x01
#define SMARTDHT11_CLEAR_BIT        (~0x01)
#define SMARTDHT11_PIN_HIGH         0x01
#define SMARTDHT11_PIN_LOW          0x00
#define SMARTDHT11_SEL              P0SEL
#define SMARTDHT11_DIR              P0DIR
#define SMARTDHT11_DELAY_TIMEOUT    200
static uint8 DHT11_ReadByte(char * val);          //读一字节数据
//读 1 字节数据,具体协议参考 dht11 数据手册
static uint8 DHT11_ReadByte(char * val)
{
  uint8 i,count,ret;
  char value;
  count = 0;                                      //等待引脚超时计数器
  ret = SMART_SENSOR_GET_OK;                      //设置返回值为正常状态
  value = 0;                                      //存储读到的各位
  for(i = 0; i < 8;i++)
  {
    value <<= 1;                                  //高位在前
    count = 0;
    //检测数据读取标志,50μs 低电平 不论电平高低都会以 50μs 低电平开始传输各位
    while((SMARTDHT11_PIN == SMARTDHT11_PIN_LOW) && (count < SMARTDHT11_DELAY_
TIMEOUT))
    {
      Delay_us(1);
      count ++;
    }
    if(count >= SMARTDHT11_DELAY_TIMEOUT)         //等待时间超过 200μs,发生硬件错
                                                    误,返回错误
    {
      ret = SMART_SENSOR_GET_ERR;
      return ret;
    }
```

```
    //26～28us 的高电平表示该位是 0,为 70μs 高电平表示该位是 1
    Delay_10us();
    Delay_10us();
    Delay_10us();
    Delay_10us();
    if(SMARTDHT11_PIN == SMARTDHT11_PIN_HIGH)     //条件成立表示传感器返回的位为 1
    {
      value++;                                   //值加 1
      count = 0;
      //等待高电平剩余 30μs
       while((SMARTDHT11_PIN != SMARTDHT11_PIN_LOW) && (count < SMARTDHT11_DELAY_
TIMEOUT))
      {
        Delay_us(1);
        count ++;
      }
      if(count >= SMARTDHT11_DELAY_TIMEOUT)       //等待时间超过 200μs,发生硬件错
                                                    误,返回错误
      {
        ret = SMART_SENSOR_GET_ERR;
        return ret;
      }
    }
  }
  *val = value;
  ret = SMART_SENSOR_GET_OK;
  return ret;
}
//初始化温湿度传感器
void SmartDHT11_Init(uint8 TaskID)
{
  (void)TaskID;
  SMARTDHT11_SEL &= SMARTDHT11_CLEAR_BIT;           //设置 P0_0 为 I/O 功能
  SMARTDHT11_DIR |= SMARTDHT11_SET_BIT;             //设置 P0_0 为输出
  //SMARTDHT11_PIN = SMARTDHT11_PIN_HIGH;
}
//读传感器
uint8 SmartDHT11_GetVal(uint8 * buf,uint8 * buflen)
{
  uint8 ret;                                        //函数返回值
  uint8 i;
  uint16 count;
  uint8 len;
  char checkval = 0;
  char l_buf[5] = {0};
  ret = SMART_SENSOR_GET_OK;
  SMARTDHT11_DIR |= SMARTDHT11_SET_BIT;
```

```
    SMARTDHT11_PIN = SMARTDHT11_PIN_LOW;          //拉低传感器引脚
    Delay_ms(19);                                 //第一步,延时> 18ms,启动采集 18ms 负脉冲
    SMARTDHT11_PIN = SMARTDHT11_PIN_HIGH;         //20～40μs 的延时输出 1
    SMARTDHT11_DIR &= SMARTDHT11_CLEAR_BIT;       //将传感器引脚设置为输入
    Delay_10us();
    Delay_10us();
    Delay_10us();
    Delay_10us();                                 //第二步,延时 40μs 等待传感器应答
    if(!SMARTDHT11_PIN)                           //传感器应答 p0.0 80μs 低电平为有效应答
    {
      //等待应答信号结束
      while(SMARTDHT11_PIN == SMARTDHT11_PIN_LOW);    //第三步等待 DHT11 的 80μs 低电平

      //第四步,应答信号后会有一个 80μs 的高电平,等待高电平结束
      count = 0;
      while((SMARTDHT11_PIN == SMARTDHT11_PIN_HIGH) && (count < SMARTDHT11_DELAY_
  TIMEOUT))
      {
        Delay_us(1);
        count ++;
      }
      if(count >= SMARTDHT11_DELAY_TIMEOUT)     //等待时间超过 200μs,发生硬件错误,返回错误
      {
        ret = SMART_SENSOR_GET_ERR;
        return ret;
      }
      //第五步,开始读数,读出温湿度值 DHT11 与 MCU 通信采用单总线数据格式,一次传输 5 字
  节即 40 位数据,高位在先
      for(i = 0; i < 5; i++)
      {
        ret = DHT11_ReadByte(l_buf + i);
        if(ret == SMART_SENSOR_GET_ERR)
        {
          return ret;
        }
        //第六步,校验计算
        if(i != 4)
        {
          checkval += l_buf[i];
        }
      }
      len = sprintf((char *)buf,"humidity is %d,temperature is %d\n",l_buf[0],l_buf
  [2]);
      *buflen = len;
      HalUARTWrite(0,buf,len);
```

```
    //检测校验和
  }
  else                              //传感器无应答
  {

    ret = SMART_SENSOR_GET_ERR;
  }
  return ret;
}
```

4.2.2 液位传感器

液位传感器主要是利用三极管的电流放大原理，其电路如图 4-6 所示，实物如图 4-7 所示。

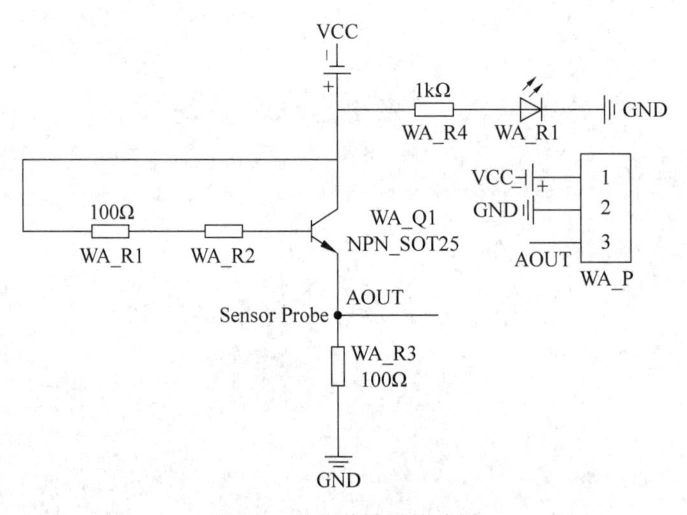

图 4-6 液位传感器电路图

当液位高度使三极管的基极与电源正极导通的时候，在三极管的基极和发射极之间就会产生一定大小的电流，此时在三极管的集电极和发射极之间就会产生一个一定放大倍数的电流，该电流经过发射极的电阻产生电压供 AD 转换器采集。液位传感器主要应用于水位报警器的设计场合。其工作参数如表 4-1 所示。

图 4-7 液位传感器实物

表 4-1　液位传感器工作参数

参 数 名	参 数 值
工作电压	2.0～－5.0V
输出类型	模拟量输出
检测深度	48mm
产品尺寸	19.0mm×63.0mm
固定孔尺寸	2.0mm

液位传感器有 3 个外接引脚，分别输出模拟量、接电源和接地。其引脚标识及功能如表 4-2 所示。

表 4-2　液位传感器引脚标识及功能

引 脚 号	标 识	功 能
1	AOUT	模拟量输出
2	GND	电源地
3	VCC	电源正(3.3～5.0V)

以下代码的连线方式是将液位传感器的 AOUT 引脚连接到 CC2530 开发板的 P0_0 引脚。

【SmartLiquid.h】

```
#ifndef __SMARTLIQUID_H__
#define __SMARTLIQUID_H__
void SmartLiquid_Init(uint8 taskID);
uint8 SmartLiquid_GetVal(uint8 * buf,uint8 * buflen);
#endif
```

【SmartLiquid.c】

```
#include "osal.h"
#include "hal_adc.h"
#include "SmartLiquid.h"
#include "SmartSensorMain.h"
#include "stdio.h"
#include "OnBoard.h"

#define SMART_LIQUID_PIN            P0_0
#define SMART_LIQUID_CFG            APCFG
#define SMART_LIQUID_SEL            P0SEL
#define SMART_LIQUID_BIT            0x01

#define SMART_LIQUID_CHANEL         HAL_ADC_CHANNEL_0
#define SMART_LIQUID_RESOLUTION     HAL_ADC_RESOLUTION_10
```

```
#define SMART_LIQUID_RANGE_MAX      3.3F            //液位最大值 0～5cm
#define SMART_LIQUID_ADRES_MAX      1024.0F         //转换结果最大值 0～511
#define SMART_LIQUID_REF_MAX        3.3F            //参考电压

void SmartLiquid_Init(uint8 taskID)
{
  (void)taskID;
  SMART_LIQUID_CFG |= SMART_LIQUID_BIT;             //I/O 口模拟量功能开启
  SMART_LIQUID_SEL |= SMART_LIQUID_BIT;             //非普通 I/O 功能
}

uint8 SmartLiquid_GetVal(uint8 * buf,uint8 * buflen)
{
  uint16 ResVal;
  float Liquid_level;
  uint8 len;
  ResVal = HalAdcRead(HAL_ADC_CHANNEL_0,HAL_ADC_RESOLUTION_10);     //ad 转换通道和
                                                                     转换精度
  Liquid_level = (SMART_LIQUID_RANGE_MAX/SMART_LIQUID_ADRES_MAX) * (float)ResVal;
  len = sprintf((char *)buf,"液位是 %1.1f\n",Liquid_level);
  *buflen = len;
  HalUARTWrite(0,buf,len);
  return SMART_SENSOR_GET_OK;
}
```

4.2.3 超声测距传感器

HC-SR04 超声波模块性能稳定，测度距离精确，模块精度高，盲区小，可应用于机器人避障、物体测距、液位检测、公共安防和停车场检测等。其电路如图 4-8 所示。

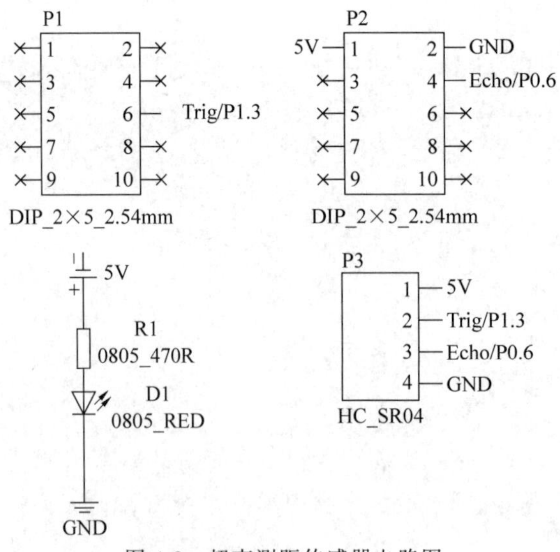

图 4-8 超声测距传感器电路图

此模块共有4个引脚，从左往右，第一个引脚为VCC，该模块工作电压为5V；第二个引脚为TRIG，输入触发信号；第三个引脚为ECHO，输出回响信号；第四个引脚为接地脚。

超声测距模块自带上电指示灯，即图4-8中的发光二极管D1，只要上电就能亮。CC2530只要控制进行通信控制TRIG和ECHO两个PIN即可。该模块的工作原理为，先向TRIG脚输入至少10μs的触发信号，该模块内部将发出8个40kHz周期电平并检测回波。一旦检测到有回波信号则ECHO输出高电平回响信号。回响信号的脉冲宽度与所测的距离成正比。由此通过发射信号与收到的回响信号时间间隔可以计算得到距离。计算距离公式如下所示。

距离＝高电平时间×声速(340m/s)/2。

使用HC-SR04超声波模块判断前方障碍物的距离，终端节点采集超声波的数据，通过自身串口输出。同时，终端节点与协调器组网，发送采集的数据给协调器，协调器接收后串口打印输出。

本例程功能是终端设备读取HC-SR04超声波模块获取的信息，发送到协调器，协调器通过串口打印出来，在串口调试助手上面显示。此处仅介绍大概步骤，具体的实现过程请查阅代码。

【SmartUltra.h】

```
#ifndef _SMARTULTRA_H__
#define _SMARTULTRA_H__
void SmartUltra_Init(uint8 taskID);
uint8 SmartUltra_GetVal(uint8 * buf,uint8 * buflen);
#endif
```

【SmartUltra.c】

```
/*
超声波测距模块
*/
#include "osal.h"
#include "SmartUltra.h"
#include "SmartSensorMain.h"
#include "OnBoard.h"
#include "stdio.h"
#include "SmartTimer.h"

#define SMART_ULTRA_TRIG_PIN            P1_4     //触发引脚
#define SMART_ULTRA_ECHO_PIN            P0_0     //回声引脚
#define SMART_ULTRA_BIT_SET             0x1
#define SMART_ULTRA_BIT_CLR             0x0

#define SMART_ULTRA_SEL                 P0SEL
```

```
#define SMART_ULTRA_DIR                        P0DIR
#define SMART_ULTRA_SET                        0x03
#define SMART_ULTRA_CLEAR                      (~0x03)
void SmartUltra_Init(uint8 taskID)
{
  (void)taskID;
  SMART_ULTRA_SEL &= SMART_ULTRA_CLEAR;
  SMART_ULTRA_DIR |= 0x01;                     //触发引脚 - 输出
  SMART_ULTRA_DIR &= ~0x02;                    //回声引脚 - 输入
  SMART_ULTRA_TRIG_PIN = SMART_ULTRA_BIT_CLR;
  /* P0SEL &= ~0x1;
  P0DIR &= ~0x1;
  P1SEL &= ~(0x1 << 4);
  P1DIR |= 0x1 << 4;
  SMART_ULTRA_TRIG_PIN = SMART_ULTRA_BIT_CLR; */
}

uint8 SmartUltra_GetVal(uint8 * buf,uint8 * buflen)
{
  uint16 count;
  uint8 ret;
  uint16 Ultra_time;
  float Distance;
  uint8 len;
  SMART_ULTRA_TRIG_PIN = SMART_ULTRA_BIT_CLR;
  SMART_ULTRA_TRIG_PIN = SMART_ULTRA_BIT_SET;
  Delay_10us();
  Delay_10us();
  SMART_ULTRA_TRIG_PIN = SMART_ULTRA_BIT_CLR;
  count = 0;
  while(!SMART_ULTRA_ECHO_PIN)                 //等待返回高电平
  {
    Delay_us(20);
    if(++count >= 1000)                        //超时退出
    {
      break;
    }
  }

  count = 0;
  while(SMART_ULTRA_ECHO_PIN)                  //30ms 内持续高电平,超出测距范围
  {
    Delay_us(20);
    count++;
    if(count >= 600)
    {
```

```
            count = 0;
            break;
        }
    }
    if(count > 1 && count < 550)
    {
        Ultra_time = count * 20;                          //高电平时间,μs
        Distance = (17000.0/1000000) * Ultra_time;       //测距单位 cm
        len = sprintf((char * )buf," % 1.1f",Distance);
        * buflen = len;
        HalUARTWrite(0,buf,len);
        ret = SMART_SENSOR_GET_OK;
    }
    else
    {
        ret = SMART_SENSOR_GET_ERR;
    }
    return ret;
}
```

4.2.4 土壤湿度传感器

土壤湿度传感器采用叉形设计,方便插入土壤,可用于自动浇水系统、花盆土壤湿度检测和自动灌溉系统等。其实物如图4-9所示。模块插入土壤后,输出电压随着土壤湿度升高而增大。

土壤湿度传感器的产品参数如表4-3所示。可根据产品参数表中的要求布置传感器的检测深度,提供合适的工作电压。土壤湿度传感器也是一个数模转换类传感器,通过AOUT引脚输出模拟量电压。参考检测总量程进行正比例换算,即可计算出土壤湿度,外接接口引脚也是AOUT、电源和接地3个引脚,如表4-4所示。

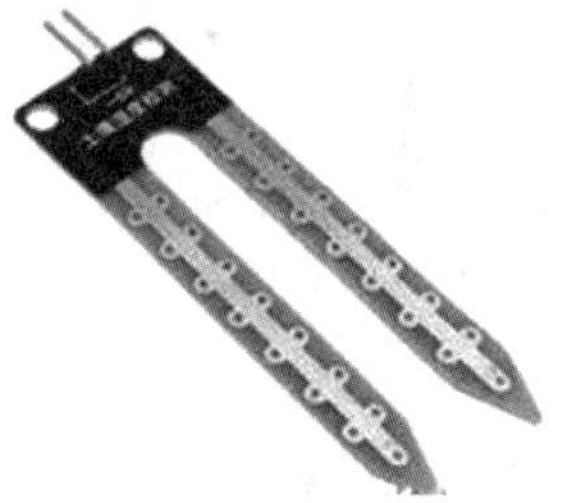

图4-9 土壤湿度传感器实物

表4-3 土壤湿度传感器产品参数表

检测深度	38mm
工作电压	2.0～5.0V
产品尺寸	20.0mm×51.0mm
固定孔尺寸	2.0mm

表4-4 土壤湿度传感器接口说明

VCC	接2.0～5.0V
GND	接GND
AOUT	接MCU.IO(模拟量输出)

土壤传感器模块的控制电路比较简单，只要硬件电路搭好了，给CC2530的I/O口一个高低电平，即可反映土壤湿度情况，终端节点将感知数据发送到协调器，协调器通过串口打印出来，在串口调试助手上面显示，这就实现了土壤湿度情况的采集。此处仅介绍大概步骤，具体的实现过程请查阅代码。

【SmartSoilHum.h】

```
#ifndef __SMARTSOIL_HUM_H__
#define __SMARTSOIL_HUM_H__
void SmartSoilHum_Init(uint8 taskID);
uint8 SmartSoilHum_GetVal(uint8 * buf,uint8 * buflen);
#endif
```

【SmartSoilHum.C】

```
#include "osal.h"
#include "OnBoard.h"
#include "SmartSoilHum.h"
#include "Hal_adc.h"
#include "SmartTimer.h"
#include "stdio.h"
#include "SmartSensorMain.h"

#define NO_DUST_VOLTAGE     500
#define COV_RATIO           0.2

#define SMART_FLAME_RANGE_MAX        5.0F        //最大值0~5
#define SMART_FLAME_ADRES_MAX        1024.0F     //转换结果最大值0~1023

#define SMART_AOUT_PIN               P0_0
#define SMART_DOUT_PIN               P0_1

void SmartSoilHum_Init(uint8 taskID)
{
  P0SEL &= ~0x2;                     //P0_1 数字I/O口
  P0DIR &= ~0x2;                     //P0_1 输入
  P0INP &= ~0X2;

  P0SEL |= 0x1;                      //P0_0 外设I/O,获得模拟值
  APCFG |= 0x1;                      //P0_0 模拟口
}
uint8 SmartSoilHum_GetVal(uint8 * buf,uint8 * buflen)
{
  uint16 ResVal;
  float Flame_level;
  uint8 len;
```

```
    if(SMART_DOUT_PIN == 1 )
    {
        HalUARTWrite(0,"far!\r\n",6);
    }
    else
    {
        ResVal = HalAdcRead(HAL_ADC_CHANNEL_0,HAL_ADC_RESOLUTION_10);  //ad转换通道和转换精度
        Flame_level = (SMART_FLAME_RANGE_MAX/SMART_FLAME_ADRES_MAX ) * (float)ResVal;

        HalUARTWrite(0,"near!\r\n",7);
        len = sprintf((char *)buf,"转换电压是%1.1f\n",Flame_level);
        *buflen = len;
        HalUARTWrite(0,buf,len);

    }
    return SMART_SENSOR_GET_OK;
}
```

4.3　习题

1. (多选题) 下列(　　)项是传感器的组成元件。
   A. 敏感元件　　B. 转换元件
   C. 变换电路　　D. 电阻电路
2. 机器人中的皮肤采用的是(　　)。
   A. 气体传感器　　B. 味觉传感器
   C. 光电传感器　　D. 温度传感器
3. (　　)不是物理传感器。
   A. 视觉传感器　　B. 嗅觉传感器
   C. 听觉传感器　　D. 触觉传感器
4. 光敏传感器接收(　　)信息,并转化为电信号。
   A. 力　　B. 声
   C. 光　　D. 位置

第 5 章 CHAPTER 5 物联网应用层

5.1 物联网服务器

5.1.1 基于 Java 的 Web 服务器搭建

本书中采用 Java Web 技术，开发物联网服务器端软件。为实训项目提供门户展示、信息管理功能，同时为硬件端和移动端提供接口。基于 Java 的 Web 服务器搭建需要几个步骤，下面依次介绍。

1. JDK 的安装

JDK 的安装文件可以从 Oracle 公司的网站 https://www.oracle.com/下载。JDK 的安装步骤如下。

(1) 双击运行安装文件 jdk-9.0.4_windows-x64_bin.exe，会出现 Java SE 开发工具包安装向导，如图 5-1 所示。

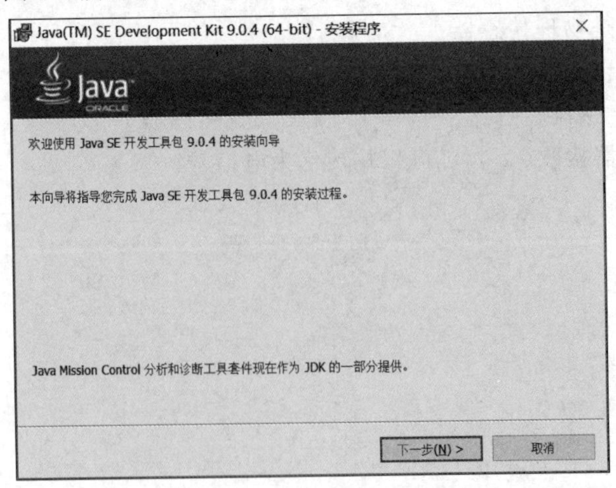

图 5-1 Java SE 开发工具包安装向导

（2）单击图 5-1 中的“下一步”按钮，会出现 JDK 安装目录的选择界面，指定 JDK 安装目录为 C:\Program Files\Java\jdk-9.0.4，然后单击“下一步”按钮，如图 5-2 所示。

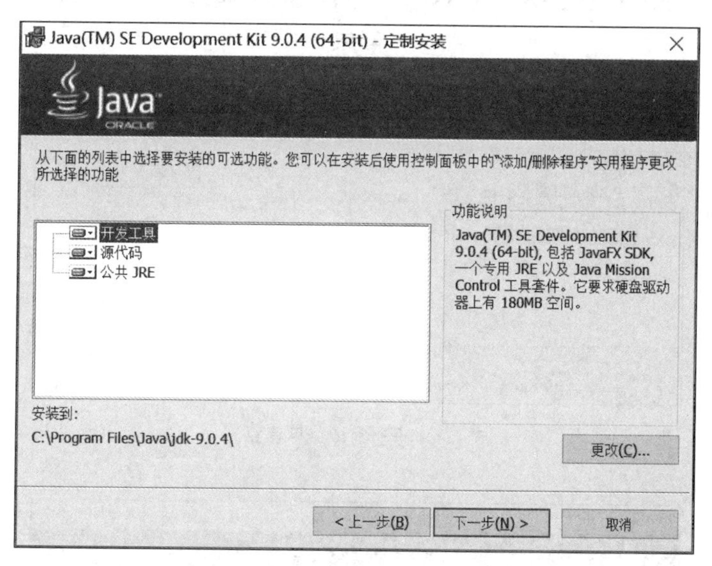

图 5-2　选择 JDK 安装目录

（3）出现 JDK 安装进度条，如图 5-3 所示。

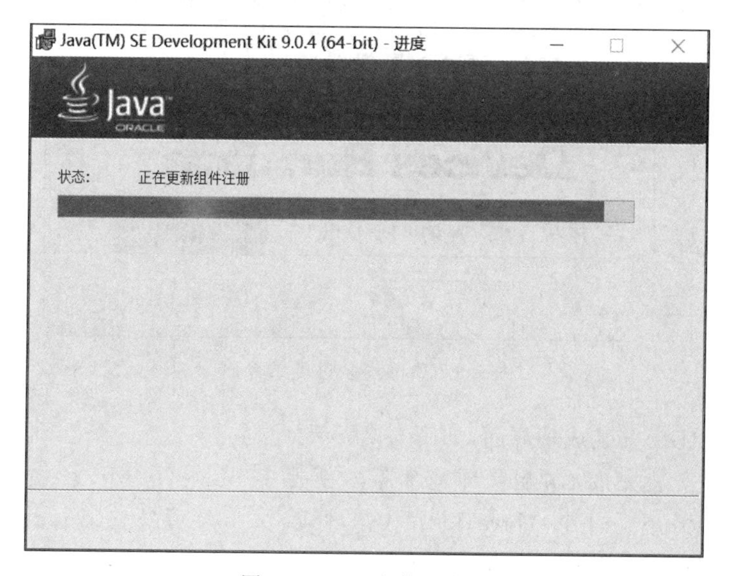

图 5-3　JDK 安装进度条

（4）进度条结束后，出现指定 JRE 安装目录的界面。此处指定 JRE 的安装目录为 C:\Program Files\Java\jre-9.0.4，然后单击“下一步”按钮，如图 5-4 所示。

（5）选择好 JRE 路径，会出现 Java 安装进度条，如图 5-5 所示。

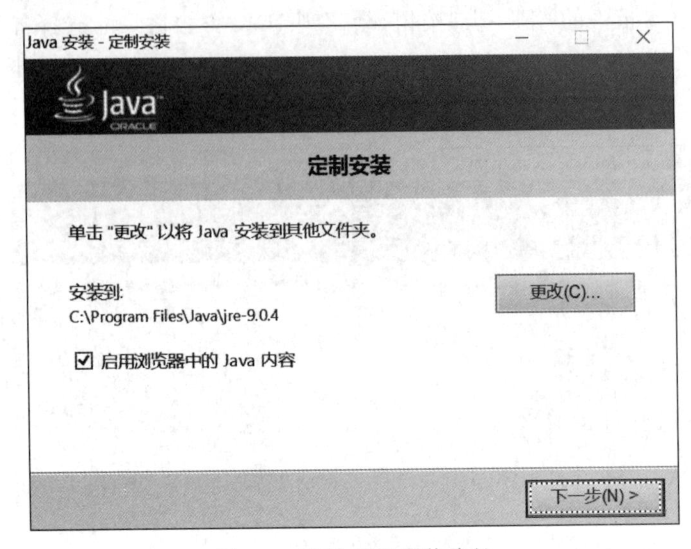

图 5-4 选择 JRE 安装路径

图 5-5 Java 安装进度条界面

(6) 显示 JDK 安装成功界面，如图 5-6 所示。

(7) JDK 安装完成后，配置环境变量。新建 JAVA_HOME 环境变量 JAVA_HOME=C:\Program Files\Java\jdk-9.0.4，修改 path 环境变量，在 path 变量尾部添加%JAVA_HOME%\bin。新建 classpath 环境变量 classpath =.;%JAVA_HOME%\lib;%JAVA_HOME%\lib\dt.jar;%JAVA_HOME%\tools.jar。

JDK 需要配置以上 3 个环境变量 JAVA_HOME、path 和 classpath；JDK1.5 版本之后可以不再设置 classpath，但建议保留 classpath 设置。

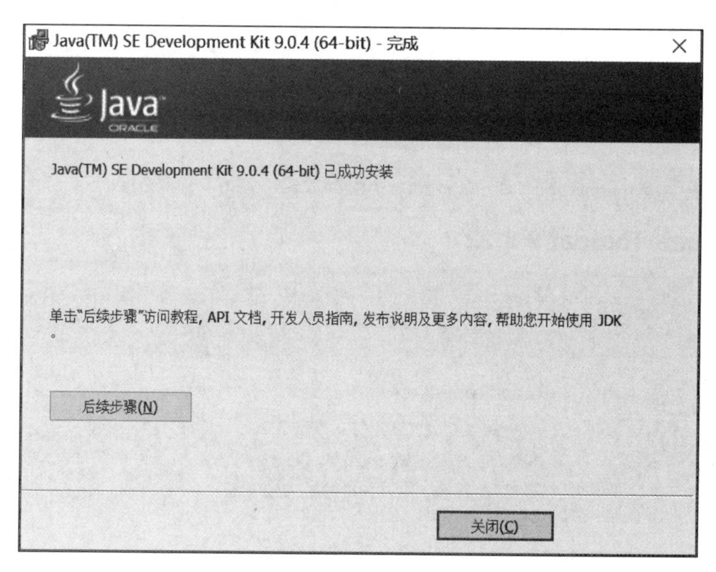

图 5-6　JDK 安装成功界面

2. Tomcat 的安装和使用

Tomcat 的安装文件可以从 Apache 公司的官方网站 http://tomcat.apache.org/index.html 下载，采用绿色版本 apache-tomcat-9.0.0.M9，解压到指定目录下即可。启动和关闭 Tomcat 服务器的文件位于 Tomcat 主目录下的 bin 文件夹下，文件名分别为 startup.bat 和 shutdown.bat。

（1）执行 startup.bat，启动 Tomcat，如图 5-7 所示。

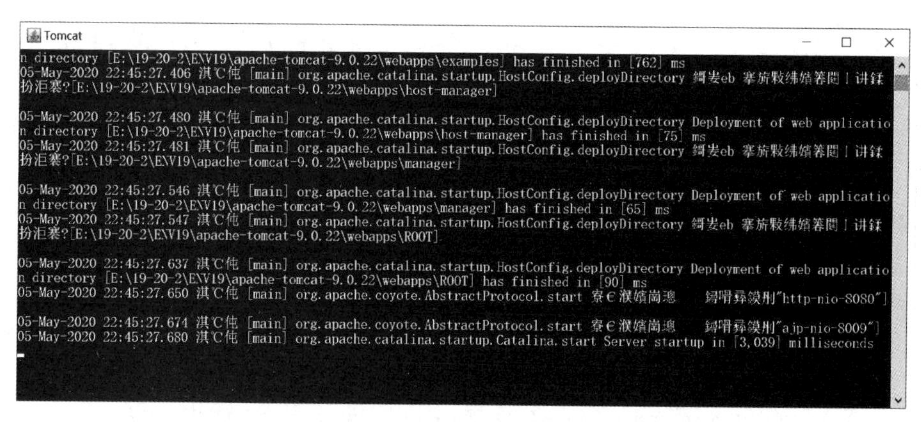

图 5-7　启动 Tomcat

（2）Tomcat 正常启动后，打开浏览器，在地址栏输入 URL：http://127.0.0.1:8080，将看到如图 5-8 所示界面。

（3）Tomcat 提供服务的默认端口号是 8080，当与其他应用程序的端口号发生冲

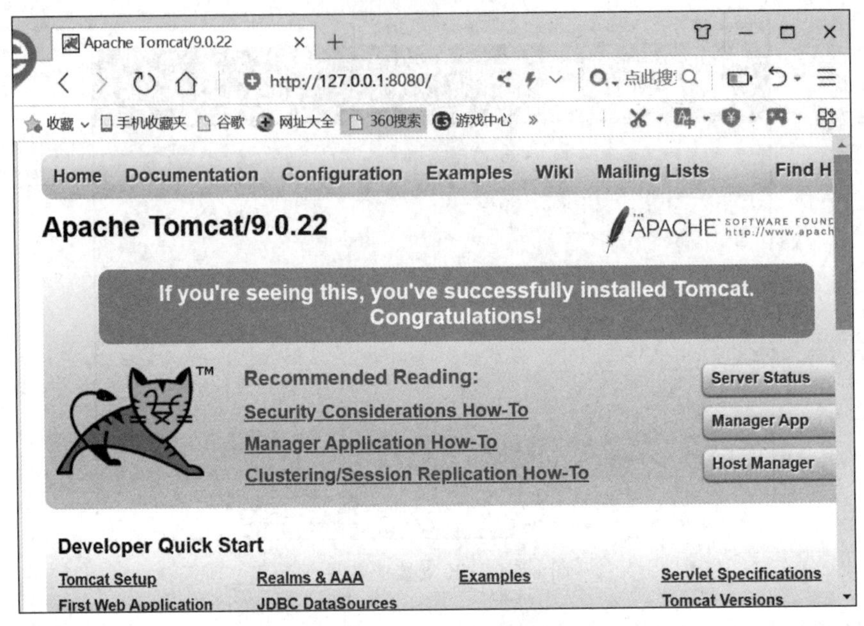

图 5-8 Tomcat 系统首页

突时，将无法正常启动。此时，可修改 Tomcat 的端口号为其他未被占用的端口号。修改 Tomcat 端口号的位置在 Tomcat 主目录下的 conf 文件夹下，文件名为 server. xml。可以用记事本等文本编辑工具将其打开，重新改写端口号，如图 5-9 所示。

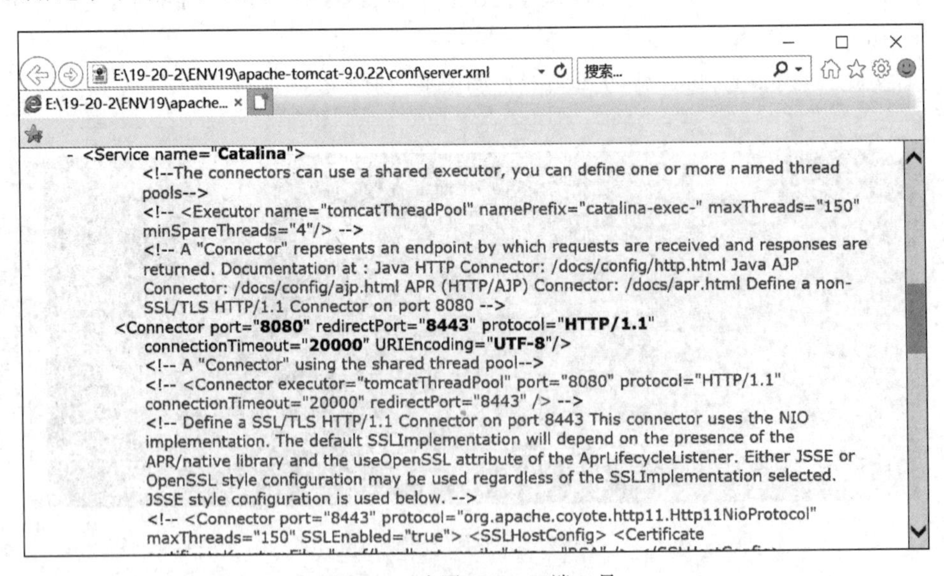

图 5-9 改写 Tomcat 端口号

（4）Tomcat 的主目录下有若干目录，其用途如表 5-1 所示。

表 5-1　Tomcat 目录结构及用途

目　　录	用　　途
\bin	放置启动和关闭 Tomcat 的可执行文件和批处理文件
\lib	放置 Tomcat 运行所需要加载的 jar 包
\conf	放置 Tomcat 主要的配置文件
\logs	放置 Tomcat 日志文件
\temp	放置 Tomcat 运行时产生的临时文件
\webapps	放置 Web 应用的目录
\work	放置 JSP 页面转换成对应的 Servlet 的目录

3. Eclipse 的安装和使用

Eclipse 的安装文件 eclipse-inst-win64. exe 可以从 http://www. eclipse. org/downloads/下载，用户可以下载解压版使用。

（1）将 Eclipse 的解压版文件 eclipse-jee-oxygen-2-win32-x86_64. zip 解压之后，双击 eclipse. exe 图标，运行 Eclipse 集成开发环境，如图 5-10 所示。

（2）打开 Eclipse Launcher 对话框，提示用户选择 Eclipse 的工作空间，如图 5-11 所示。

图 5-10　解压并运行 Eclipse 集成开发环境

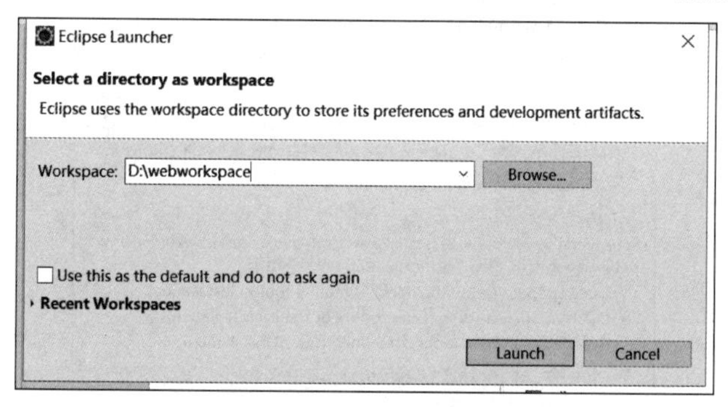

图 5-11　选择 Eclipse 的工作空间

（3）打开 Eclipse 后，可在 Servers 选项卡中，配置应用服务器 Tomcat，如图 5-12 所示。

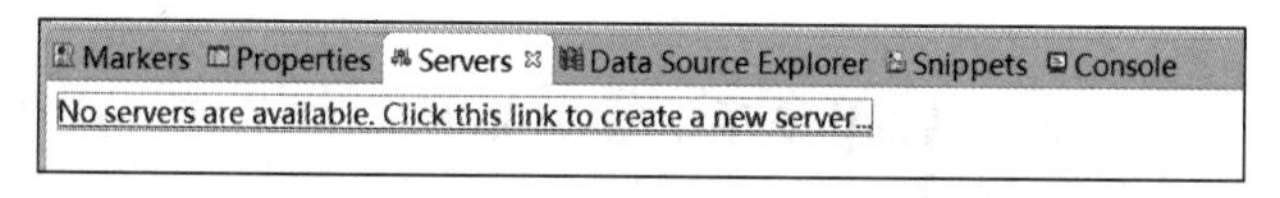

图 5-12　在 Eclipse 中配置应用服务器

（4）单击创建新服务器链接，会出现如图 5-13 所示的对话框，在对话框中选择解压或安装过的 Tomcat 应用服务器。

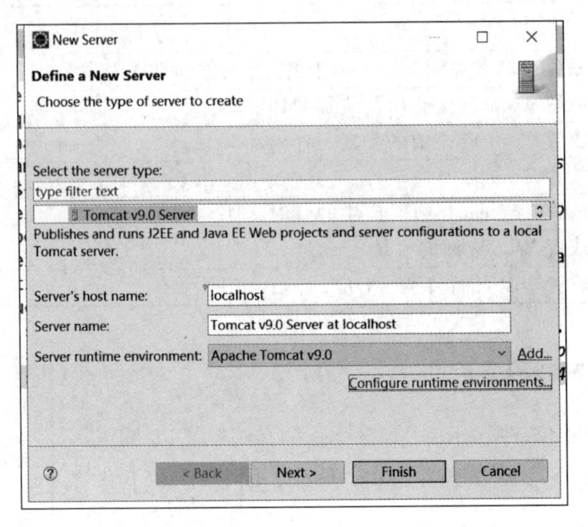

图 5-13 在 Eclipse 中关联 Tomcat 应用服务器

(5) 在 Eclipse 中关联 Tomcat 后，需要进行服务器名、主机名、运行时环境、服务器位置、部署路径等配置，如图 5-14 所示。

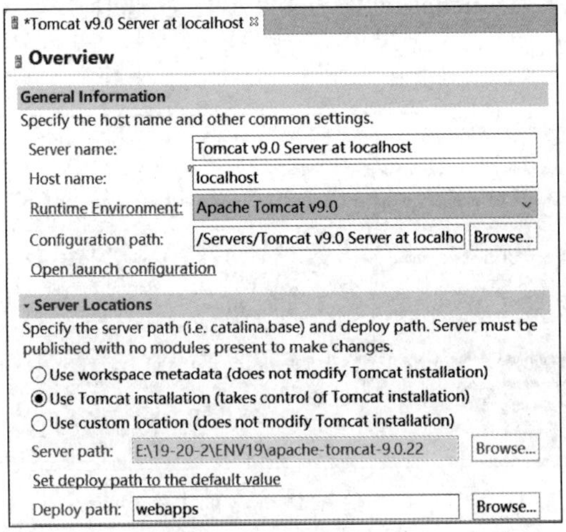

图 5-14 Tomcat 服务器配置

关于 Eclipse 中集成的 JDK 版本和安装位置，可以在如图 5-15 所示的对话框中进行查看和修改。

可在如图 5-16 所示的对话框中查看和编辑 Eclipse 中的运行时环境关联情况，即 Tomcat 应用服务器的版本选择。

单击图 5-16 中的 Edit 按钮，即可进入图 5-17 所示的对话框，编辑 Eclipse 的运行时环境配置，包括 Tomcat 的版本、位置和 JDK 版本。

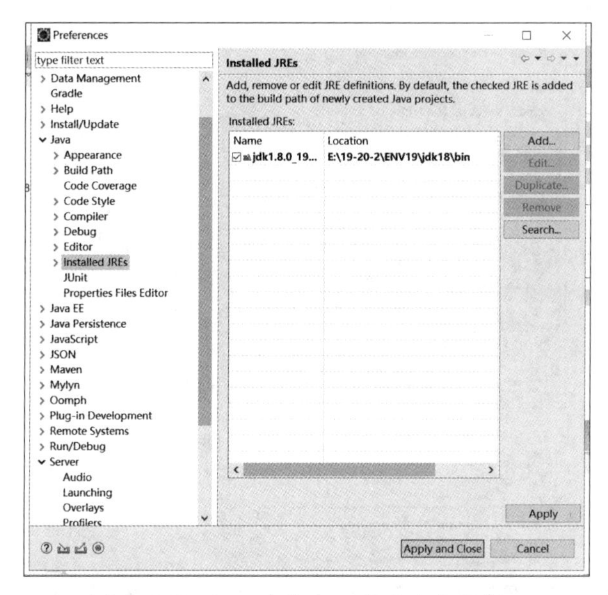

图 5-15　Eclipse 中的 JDK 版本和安装位置

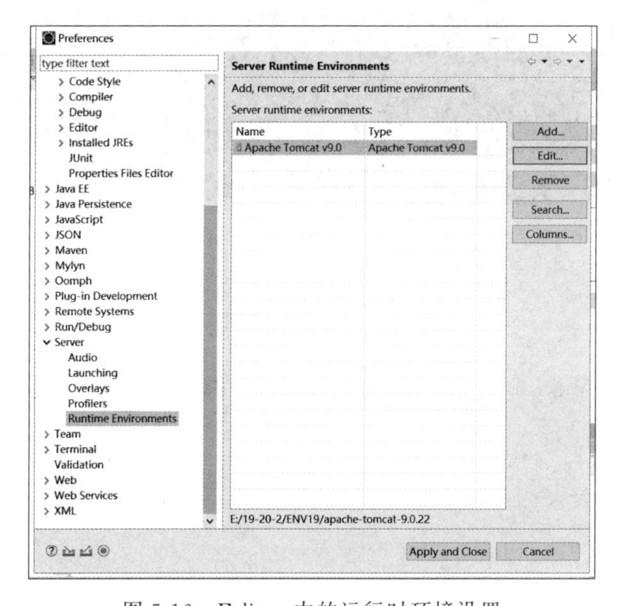

图 5-16　Eclipse 中的运行时环境设置

4. MySQL 的安装和配置

本书的实训项目“智能停车场”，将车位信息数据、用户数据等存储于 MySQL 数据库。

(1) 从 MySQL 数据库的官网 http://www.mysql.com 下载与操作系统匹配的 MySQL 安装文件，单击后进入的首页如图 5-18 所示。

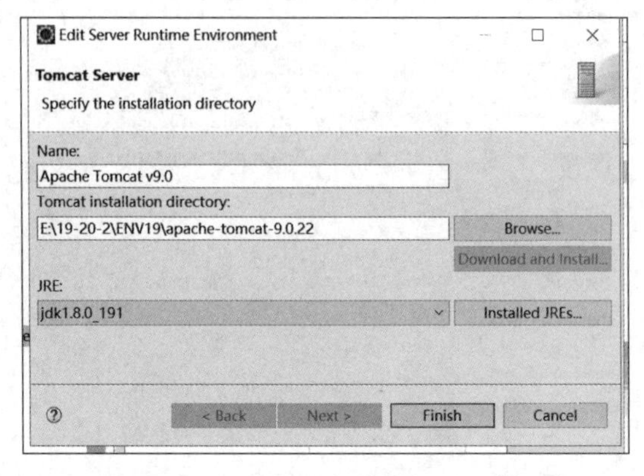

图 5-17　编辑服务器运行时环境

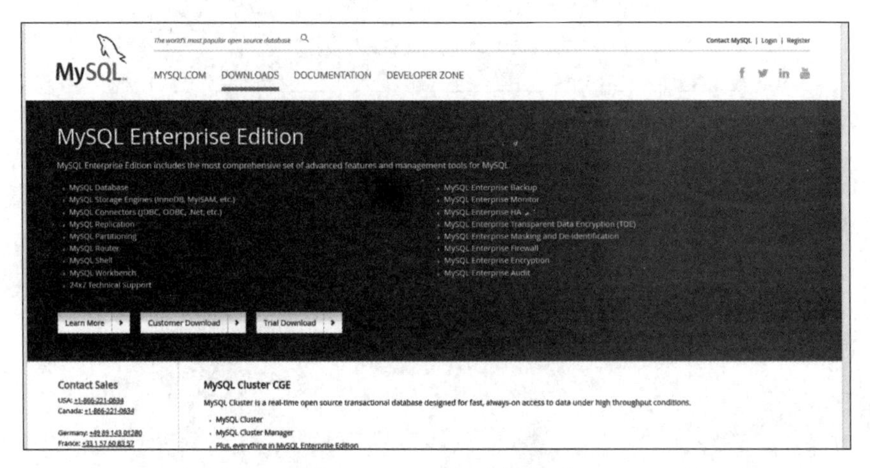

图 5-18　MySQL 官网首页

（2）单击 DOWNLOADS→Community，选择 MySQL Community Server，如图 5-19 所示。

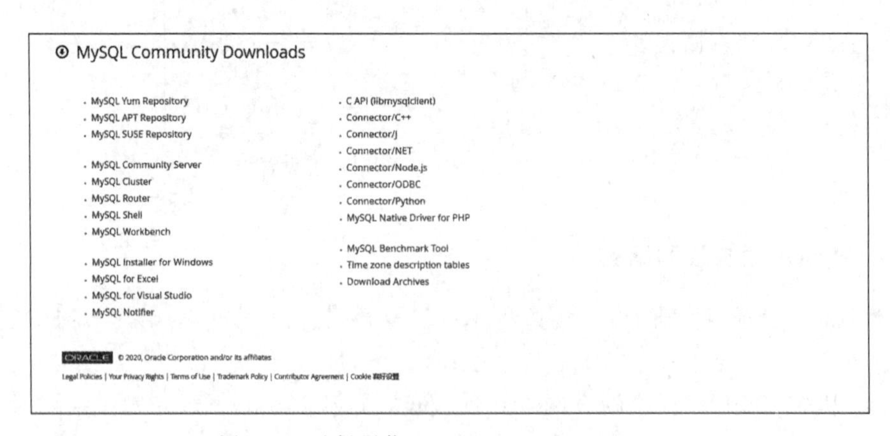

图 5-19　选择下载 MySQL Community Server

（3）找到 Recommended Download，单击 Go to Download Page，如图 5-20 所示。

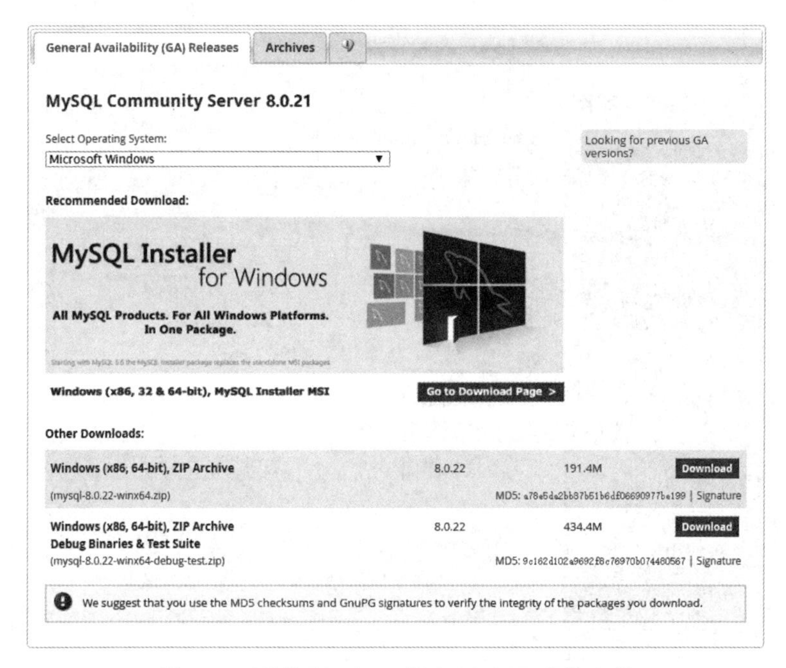

图 5-20　下载 Windows 版本 MySQL 安装文件

（4）进入下载界面，如图 5-21 所示；选择 No thanks，just start my download 开始下载。

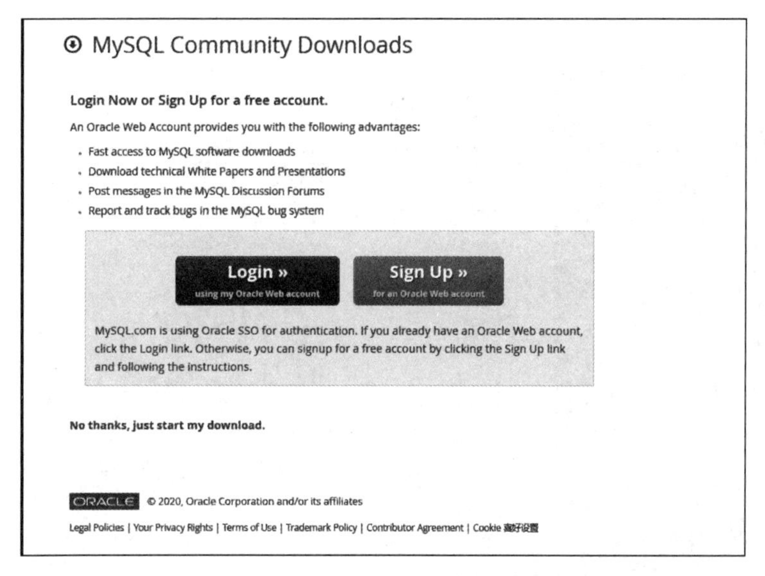

图 5-21　MySQL 下载界面

(5) 在图 5-22 所示的界面中,选择 MySQL 安装类型为 Developer Default,单击 Next 按钮,进入下一步。

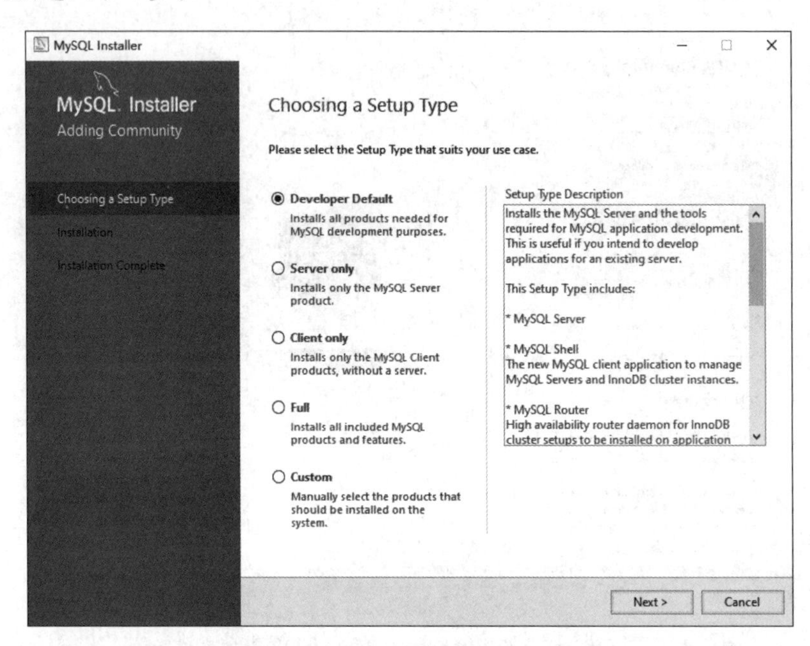

图 5-22 选择 MySQL 安装类型

(6) 在如图 5-23 所示的界面中,检查 MySQL 的安装条件。如需要 Microsoft Visual C++包的支持,则选择补充安装。

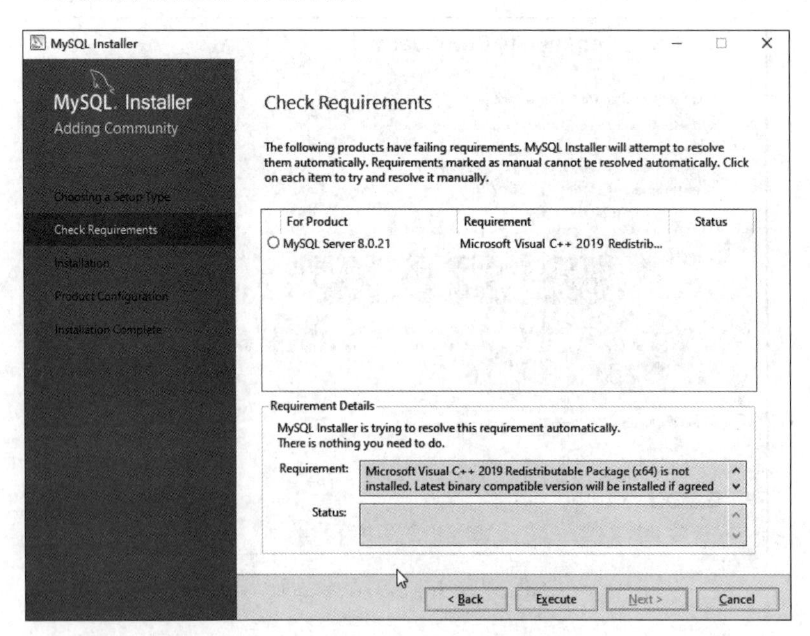

图 5-23 检查 MySQL 安装条件

（7）在图 5-24 所示的界面中，单击 Execute 按钮执行安装，在后续的界面中，均可默认单击 Next 按钮，如图 5-25 所示。

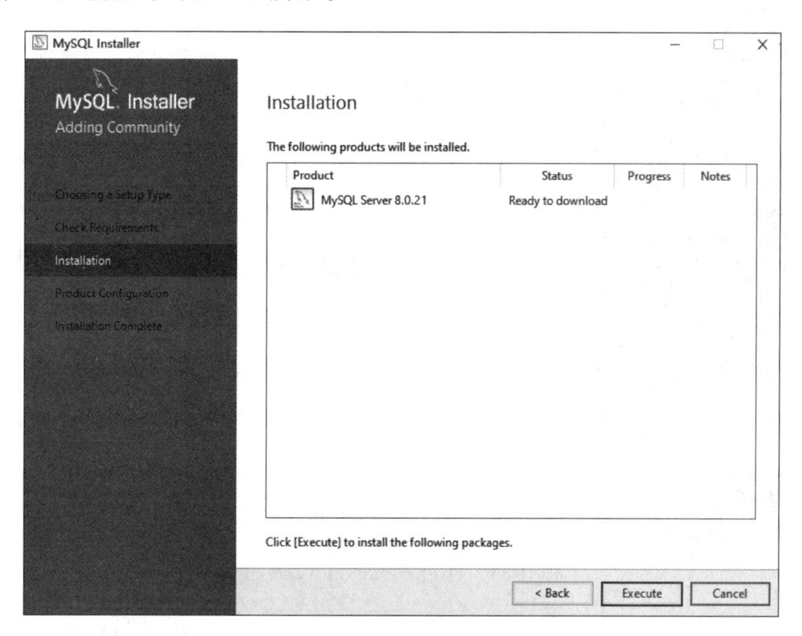

图 5-24　Installation 界面

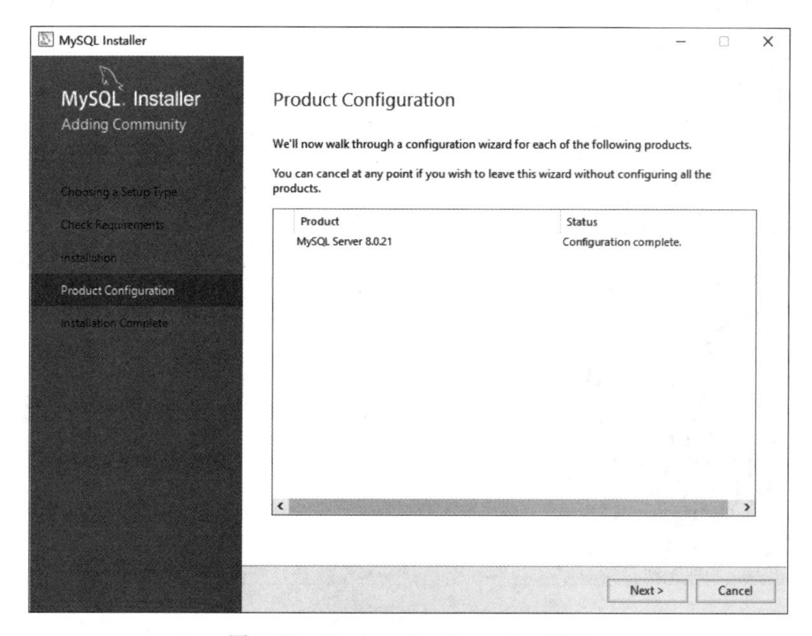

图 5-25　Product Configuration 界面

（8）在如图 5-26 所示的 High Availability 界面中，选中 Standalone MySQL Server/Classic MySQL Replication 单选按钮。

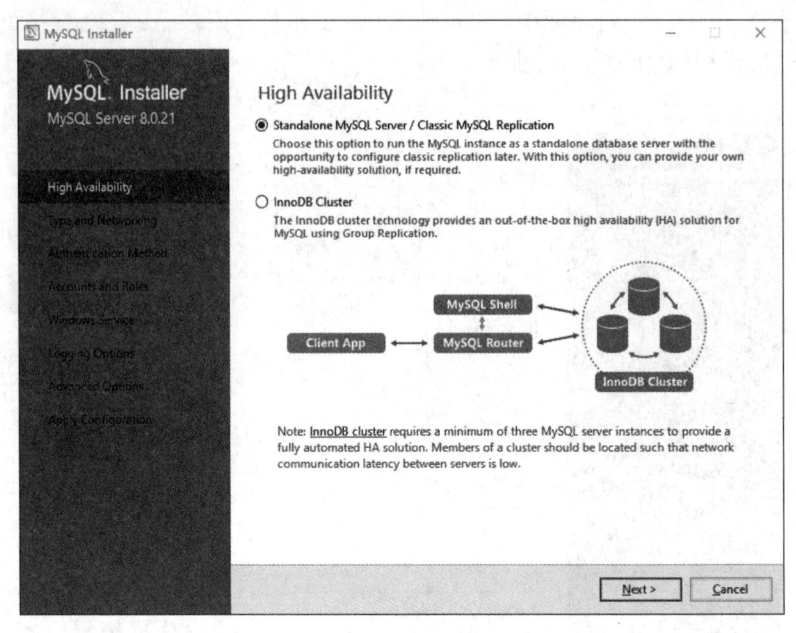

图 5-26　High Availability 界面

（9）在如图 5-27 所示的界面中，设置 MySQL 的服务配置类型和网络设置。

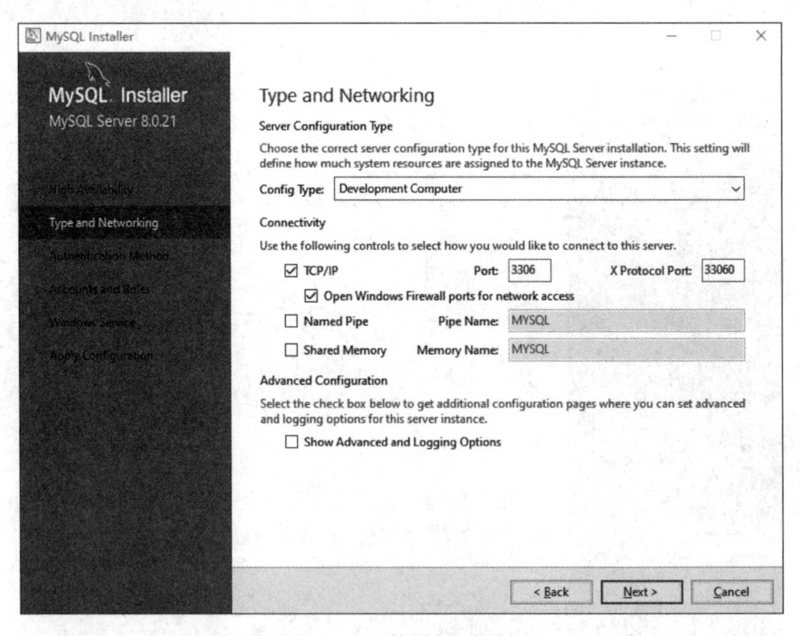

图 5-27　网络设置对话框

（10）在如图 5-28 所示的界面中，设置 MySQL 的 root 用户密码，然后单击 Next 按钮，进入下一步。

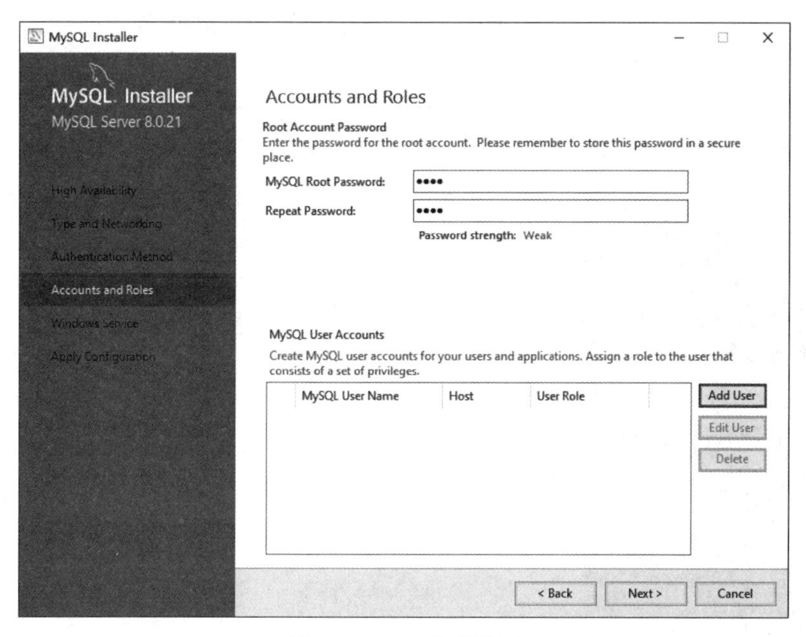

图 5-28　root 密码设置

（11）在图 5-29 所示的界面中，将 MySQL 服务配置为 Windows 服务，并配置在系统启动时自动启动服务，启动服务时使用标准系统账户等信息。

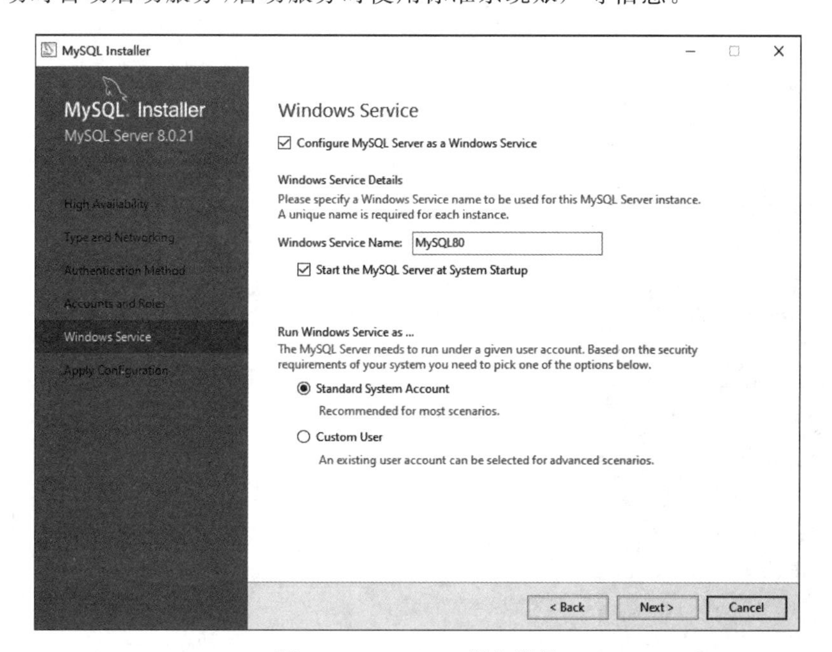

图 5-29　Windows 服务设置

（12）在图 5-30 所示的界面中，单击 Execute 按钮，即可由系统进行关闭现有服务、写配置文件、更新防火墙、启动服务、应用安全设置等安装进程了。全部执行完毕后会出现图 5-31 所示的界面。

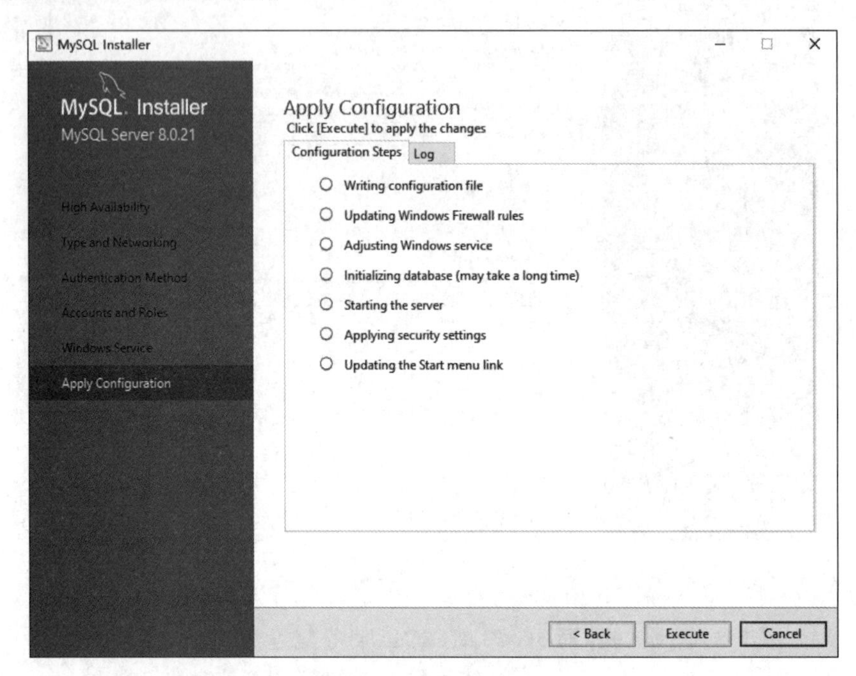

图 5-30 执行安装过程

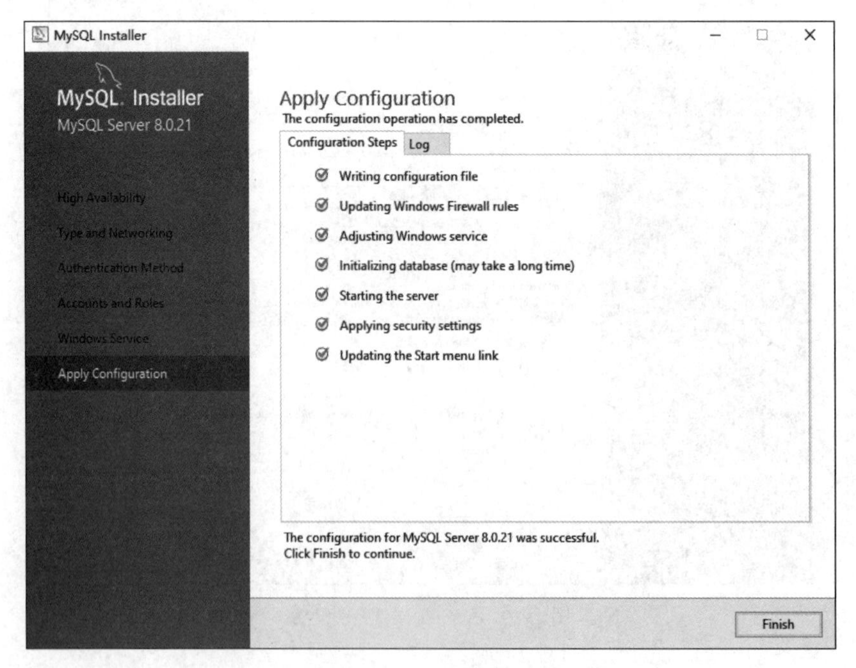

图 5-31 完成应用配置

(13) 进入产品配置界面,如图 5-32 所示,安装完成界面如图 5-33 所示。

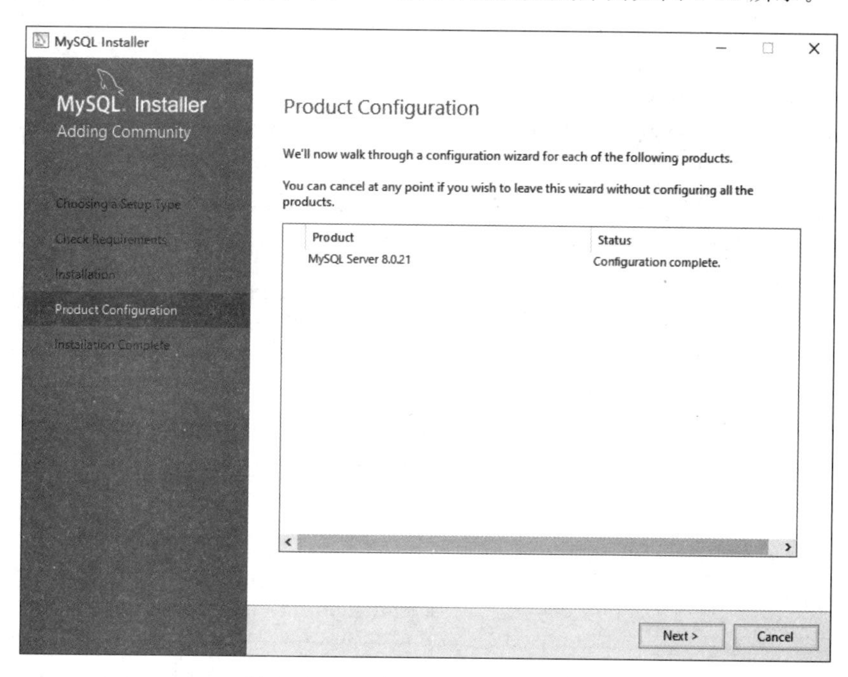

图 5-32 Product Configuration 界面

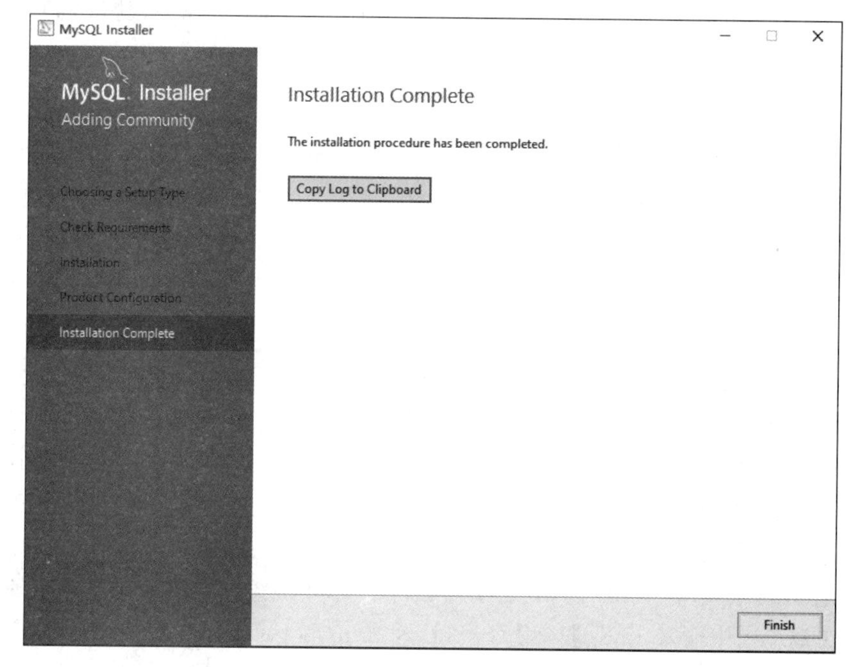

图 5-33 MySQL 安装完成界面

(14) 在图 5-34 所示的界面中,通过 Windows 的服务组件管理 MySQL 服务的启动方式，可设置为自动或手动，可设置为本地系统账户登录。

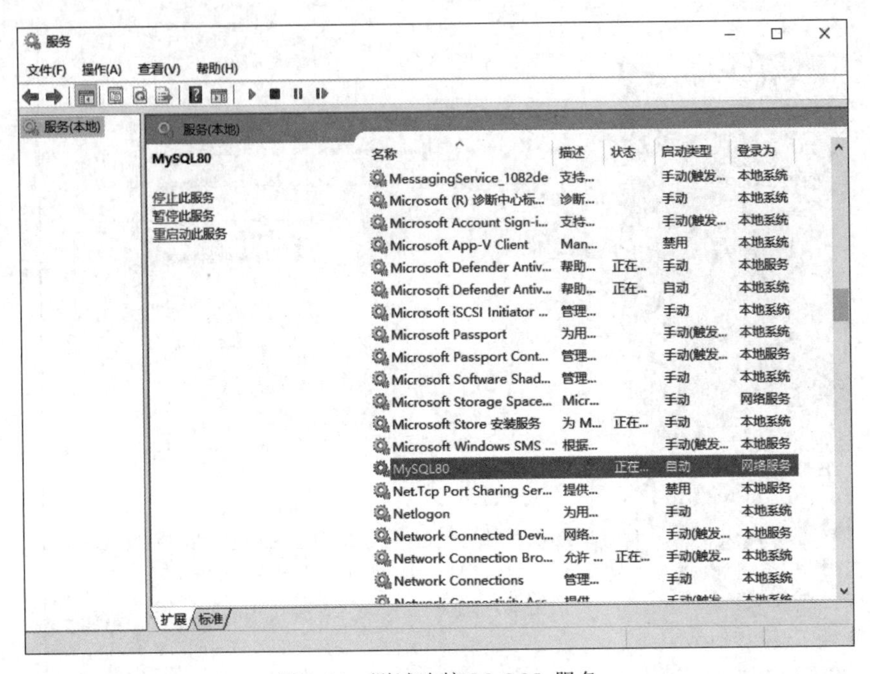

图 5-34　测试连接 MySQL 服务

(15) 安装完成后进入 MySQL 的安装目录，进入 MySQL Sever，其目录下的文件如图 5-35 所示。

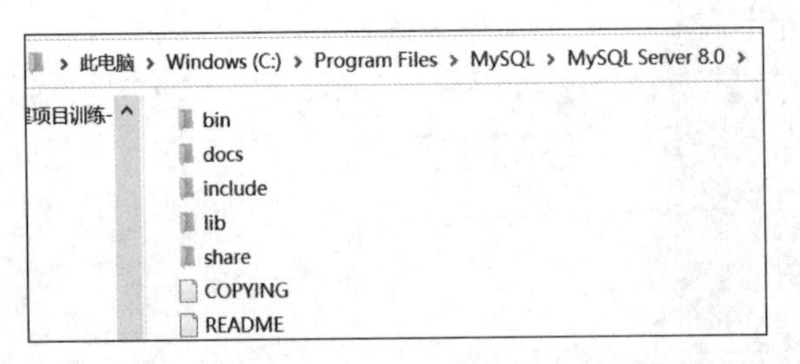

图 5-35　MySQL Server 8.0 目录结构

(16) bin 目录下保存了 MySQL 常用的命令工具以及管理工具、data 目录是 MySQL 默认用来保存数据文件以及日志文件的地方（我的因刚安装还没有 data 文件夹）、docs 目录下是 MySQL 的帮助文档、include 目录和 lib 目录是 MySQL 所依赖的头文件以及库文件、share 目录下保存目录文件以及日志文件。

进入 bin 目录，按住 Shift 键，然后单击鼠标右键可以选择在该目录下打开命令窗口，或者在地址栏中输入 cmd 进入命令窗口，输入 mysql-u root-p 后按 Enter 键，然后会提示输入密码，输入密码后就会进入 MySQL 的操作管理界面。

5. Navicat 的安装和使用

Navicat 是一套数据库开发工具，用户可以利用该工具同时连接 MySQL、MariaDB、MongoDB、SQL Server、Oracle、PostgreSQL 和 SQLite 数据库。它与 Amazon RDS、Amazon Aurora、Amazon Redshift、Microsoft Azure、Oracle Cloud、MongoDB Atlas、阿里云、腾讯云、华为云等云数据库兼容，通过 Navicat 可以在可视化界面下快速轻松地创建、管理和维护数据库，下载网址是 https://www.navicat.com.cn/，其安装过程比较简单，在此不再赘述。

5.1.2　数据库访问工具类的封装

服务器采用 JDBC 技术与数据库连接，并访问数据库内容。JDBC(Java Database Connectivity，Java 数据库连接）是一种用于数据库访问的 Java API（Application Programming Interface，应用程序设计接口），由一组用 Java 语言编写的类和接口组成。有了 JDBC，就可以用纯 Java 语言和标准的 SQL 语句编写完整的数据库应用程序，并且真正实现软件的跨平台性。

简单地说，JDBC 能完成下列三件事。

（1）为同一个数据库建立连接。

（2）向数据库发送 SQL 语句。

（3）处理数据库返回的结果。

为便于项目开发的层次化和模块化，将服务器访问数据库的流程封装为工具类 DBTool，将数据库的连接、关闭、查询、更新、分页显示方法封装于 DBTool 类，其类图如图 5-36 所示。

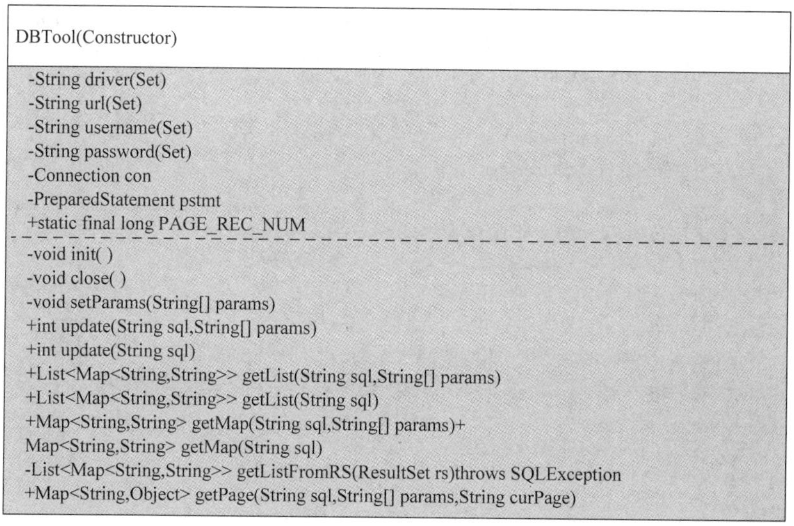

```
DBTool(Constructor)
-------------------------------------------------
-String driver(Set)
-String url(Set)
-String username(Set)
-String password(Set)
-Connection con
-PreparedStatement pstmt
+static final long PAGE_REC_NUM
- - - - - - - - - - - - - - - - - - - - - - - - -
-void init( )
-void close( )
-void setParams(String[] params)
+int update(String sql,String[] params)
+int update(String sql)
+List<Map<String,String>> getList(String sql,String[] params)
+List<Map<String,String>> getList(String sql)
+Map<String,String> getMap(String sql,String[] params)+
Map<String,String> getMap(String sql)
-List<Map<String,String>> getListFromRS(ResultSet rs)throws SQLException
+Map<String,Object> getPage(String sql,String[] params,String curPage)
```

图 5-36　DBTool 类图

该工具类将访问数据库的连接关闭、参数设置,结果集到 Java 集合类对象的转换都定义为私有方法,仅将查询方法、更新方法、和分页显示方法设置为公有方法,供其他层次的开发者调用,从而提高了代码复用率,进而提高了项目开发效率。

DBTool 代码如下。

```
package util;

import java.sql.Connection;
import java.sql.DriverManager;
import java.sql.PreparedStatement;
import java.sql.ResultSet;
import java.sql.ResultSetMetaData;
import java.sql.SQLException;
import java.util.ArrayList;
import java.util.HashMap;
import java.util.List;
import java.util.Map;


public class DBTool {
    private String driver;
    private String url;
    private String username;
    private String password;
    private Connection con;
    private PreparedStatement pstmt;
    public static final long PAGE_REC_NUM = 8;
    public void setDriver(String driver) {
        this.driver = driver;
    }
    public void setUrl(String url) {
        this.url = url;
    }
    public void setUsername(String username) {
        this.username = username;
    }
    public void setPassword(String password) {
        this.password = password;
    }
    public DBTool() {
        driver = "com.mysql.cj.jdbc.Driver";
        url = "jdbc:mysql://localhost:3306/meal?serverTimezone = UTC";
        username = "root";
        password = "root";
    }
```

```
private void init() {

    try {
        Class.forName(driver);
        con = DriverManager.getConnection(url, username, password);
    } catch (ClassNotFoundException e) {
        e.printStackTrace();
    } catch (SQLException e) {
        e.printStackTrace();
    }

}
private void close() {
    if(pstmt!= null)
        try {
            pstmt.close();
        } catch (SQLException e) {
            e.printStackTrace();
        }
    if(con!= null)
        try {
            con.close();
        } catch (SQLException e) {
            // TODO Auto - generated catch block
            e.printStackTrace();
        }
}
private void setParams(String[] params) {
    if(params!= null) {
        for(int i = 0;i < params.length;i++) {
            try {
                pstmt.setString(i + 1, params[i]);
            } catch (SQLException e) {
                // TODO Auto - generated catch block
                e.printStackTrace();
            }
        }
    }
}
public int update(String sql,String[] params) {
    int result = 0;
    init();
    try {
        pstmt = con.prepareStatement(sql);
        setParams(params);
        result = pstmt.executeUpdate();
```

```
        } catch (SQLException e) {
            // TODO Auto - generated catch block
            e.printStackTrace();
        }finally {
            close();
        }
        return result;
    }
    public int update(String sql) {
        return update(sql, null);
    }
    public List<Map<String, String>> getList(String sql,String[] params){
        List<Map<String, String>> list = null;
        init();
        try {
            pstmt = con.prepareStatement(sql);
            setParams(params);
            ResultSet rs = pstmt.executeQuery();
            list = getListFromRS(rs);
            rs.close();
        } catch (SQLException e) {
            e.printStackTrace();
        }finally {
            close();
        }
        return list;
    }
    private List<Map<String, String>> getListFromRS(ResultSet rs) throws SQLException {
        List<Map<String, String>> list = new ArrayList<Map<String,String>>();
        ResultSetMetaData rsmd = rs.getMetaData();
        while(rs.next()) {
            Map<String, String> m = new HashMap<String, String>();
            for(int i = 1;i <= rsmd.getColumnCount();i++) {
                String colName = rsmd.getColumnLabel(i);
                String value = rs.getString(colName);
                if(value != null) {
                    m.put(colName, value);
                }
            }
            list.add(m);
        }
        return list ;
    }
    public List<Map<String, String>> getList(String sql){
        return getList(sql, null);
```

```
    }
    public Map<String, String> getMap(String sql,String[] params){
        Map<String, String> m = new HashMap<String, String>();
        List<Map<String, String>> list = getList(sql, params);
        if(list!= null&&list.size()!= 0) {
            m = list.get(0);
        }
        return m;
    }
    public Map<String,String> getMap(String sql){
        return getMap(sql, null);
    }
    public Map<String,Object> getPage(String sql,String[] params,String curPage){
        Map<String, Object> page = new HashMap<String, Object>();
        String newSql = sql + " limit " + (Long.parseLong(curPage) - 1) * PAGE_REC_NUM
 + "," + PAGE_REC_NUM;
        List<Map<String, String>> pageList = getList(newSql, params);
        sql = sql.toLowerCase();
        String countSql = "";
        if(sql.indexOf("group")>= 0) {
            countSql = "select count( * ) as tempNum from(" + sql + ") as temp";
        }
        else {
             countSql = "select count( * ) as tempNum " + sql.substring(sql.indexOf
("from"));
        }
        String count_s = (String)getMap(countSql, params).get("tempNum");
        long count = Long.parseLong(count_s);
        long totalPage = 0;
        if(count % PAGE_REC_NUM == 0)
            totalPage = count/PAGE_REC_NUM;
        else
        page.put("list", pageList);
        page.put("totalPage", totalPage);
        page.put("recNum", PAGE_REC_NUM);
        return page;
    }
}
```

5.1.3 服务器端数据管理功能

服务器端的数据管理功能涉及项目的具体业务逻辑。例如，智能停车场系统，其主要业务逻辑包括车辆进出场的 RFID 刷卡识别、进出场时长统计、计费管理等。如果是环境监测系统，则主要的业务逻辑包括环境数据的显示、实时更新和报表统计。

无论项目的具体业务逻辑如何，在服务器端对项目数据的管理，基本上涵盖增加、删除、修改、查询这些典型的业务逻辑。下面以用户管理为例，阐述服务器端的数据管理功能。

(1) 在 Eclipse 中新建动态 Web 工程，如图 5-37 所示。

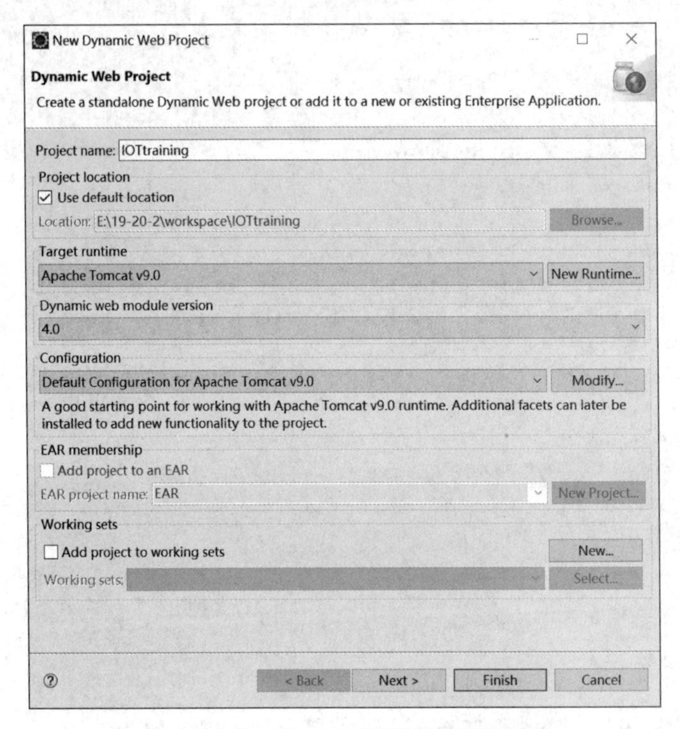

图 5-37 在 Eclipse 中新建动态 Web 工程

(2) 单击 Next 按钮，将输出文件夹改为 WebContent\WEB-INF\classes，如图 5-38 所示。

(3) 单击 Finish 按钮，即可新建 Web 工程。在 WEB-INF 的 lib 文件夹下复制 MySQL 驱动 jar 包，如图 5-39 所示。

(4) 在工程名上右击，在弹出的快捷菜单中选择 build path→cofigure build path 选项，进入如图 5-40 所示的界面。

(5) 单击 Add JARs 按钮，进入 jar 包选择和添加界面，如图 5-41 所示。

(6) 导入 jar 包之后，单击 OK 按钮，完成数据库驱动包的导入。

下面即可新建工具类 DBTool，在工程目录树的 src 处右击，新建 class，指定包名和类名，如图 5-42 所示。

编写 DBTool 的代码，如 5.1.2 小节数据库访问工具类的封装。下面就可以开始用户管理功能的实现了。用户管理功能基于数据库中的 user 表。在 MySQL 中的数据库名为 parking。

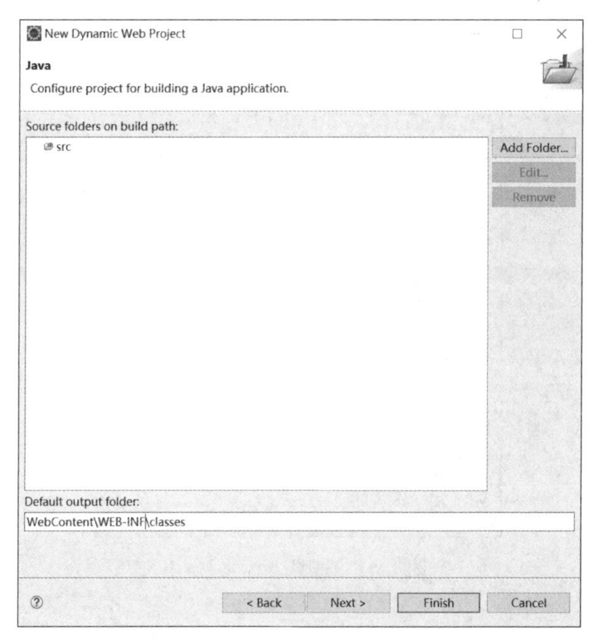

图 5-38 修改 Web 工程输出文件夹

图 5-39 复制 MySQL 驱动包

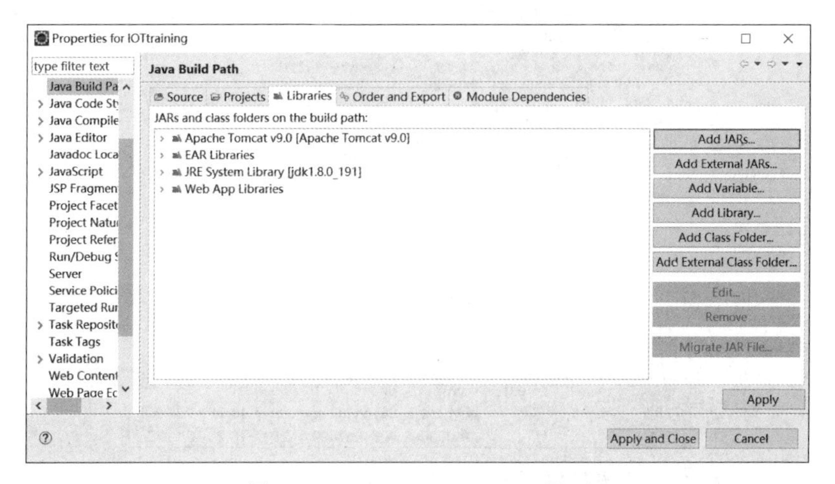

图 5-40 configure build path 界面

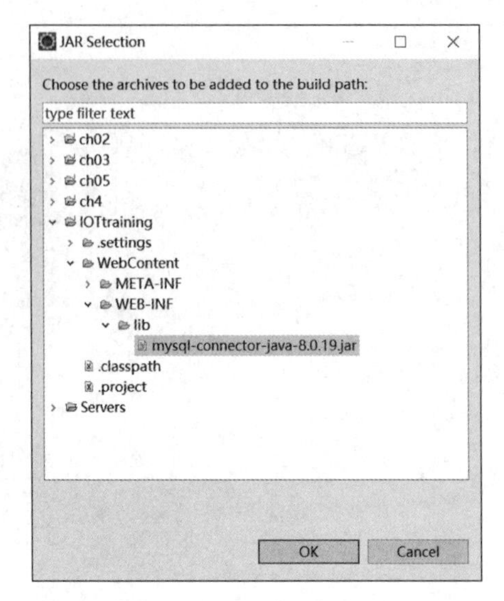

图 5-41 选择并添加 jar 包

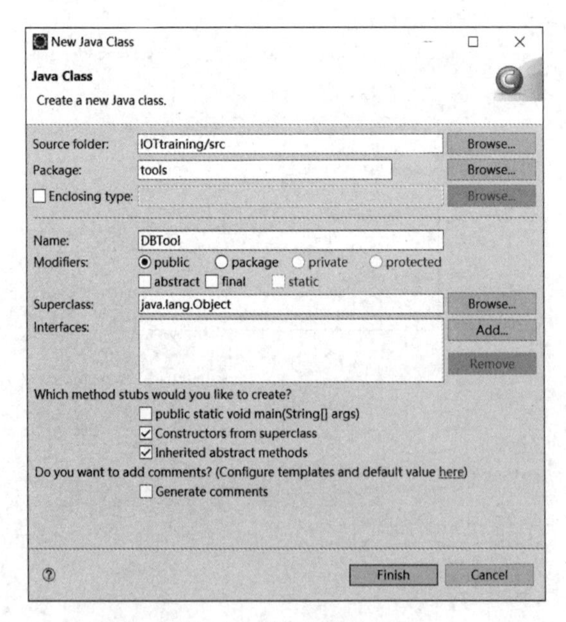

图 5-42 创建 DBTool 类

在 parking 数据库中的 user 表,定义了智能停车场的用户信息,用户在停车场中凭 RFID 刷卡出入,如图 5-43 所示。

cardid	name	count	license	phone	opendate
2B2F	raindy	5	冀A1234	987654321	2017-10-25 15:28:03
3F5N	123	5	京A0000	1234567890	2017-10-24 16:19:08

图 5-43 parking 数据库中的 user 表内容

首先创建 UserService 类。封装停车场用户管理的业务逻辑，包括用户开卡、注销、修改停车卡信息和查询停车卡信息 4 个业务逻辑。UserService 位于 model 包下，其类图如图 5-44 所示。

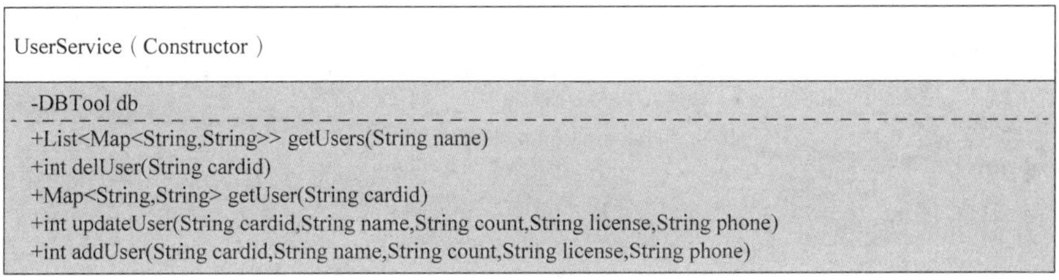

```
UserService ( Constructor )
-------------------------------------------------------------
-DBTool db
- - - - - - - - - - - - - - - - - - - - - - - - - - - - - - -
+List<Map<String,String>> getUsers(String name)
+int delUser(String cardid)
+Map<String,String> getUser(String cardid)
+int updateUser(String cardid,String name,String count,String license,String phone)
+int addUser(String cardid,String name,String count,String license,String phone)
```

图 5-44　UserService 类图

UserService 代码如下所示。

```java
package model;

import java.util.ArrayList;
import java.util.HashMap;
import java.util.List;
import java.util.Map;

import tools.DBTool;

public class UserService {
    private DBTool db;

    public UserService() {
        db = new DBTool();
    }
    public List<Map<String, String>> getUsers(String name){
        List<Map<String, String>> list = new ArrayList<Map<String,String>>();
        String sql = "select * from user";
        String[] params = null;
        if(name!= null) {
            sql = sql + " where name like ?";
            params = new String[] {"%" + name + "%"};
        }
        list = db.getList(sql, params);
        return list;
    }
    public int delUser(String cardid) {
        String[] params = {cardid};
        String sql = "delete from user where cardid = ?";
        return db.update(sql, params);
    }
```

```
    public int addUser(String cardid, String name, String count, String license, String
phone) {
        String sql = "select * from user where cardid = ?";
        List<Map<String, String>> list = db.getList(sql,new String[] {cardid});
        if(list.size()!= 0)
            return 0;
        else {
            sql = "insert into user values(?,?,?,?,?,now())";
            return db.update(sql, new String[] {cardid,name,count,license,phone});
        }
    }
    public Map<String, String> getUser(String cardid){
        Map<String, String> user = new HashMap<String, String>();
        String sql = "select * from user where cardid = ?";
        user = db.getMap(sql, new String[] {cardid});
        return user;
    }
    public int updateUser(String cardid,String name,String count,String license,String
phone) {
        String sql = "update user set name = ?,count = ?,license = ?,phone = ?,opendate
= now() where cardid = ?";
        return db.update(sql, new String[] {name,count,license,phone,cardid});
    }
}
```

查询用户信息的界面为 list_user. jsp,代码如下。

```
<%@page import = "java.util.Map" %>
<%@page import = "java.util.List" %>
<%@page import = "model.UserService" %>
<%@ page language = "java" contentType = "text/html; charset = UTF-8"
    pageEncoding = "UTF-8" %>
<!DOCTYPE html>
<html>
<head>
<meta charset = "UTF-8">
<title>Insert title here</title>
</head>
<body>
<% String s_un = request.getParameter("name");
UserService us = new UserService();
List<Map<String,String>> users = us.getUsers(s_un);
 %>
<div align = "center">
<form action = "list_users.jsp" method = "post">
<input type = "text" name = "s_un" placeholder = "请输入用户名查询">
```

```
< input type = "submit" value = "搜索">
</form>
<a href = "add_user.html">添加停车用户卡</a>
<table border = "1">
<tr>
<th>序号</th>
<th>卡号</th>
<th>用户名</th>
<th>停车次数</th>
<th>车牌号</th>
<th>电话</th>
<th>办卡时间</th>
<th>操作</th>
</tr>
<%
int num = 0;
for(Map<String,String> user:users){
    num++;
    %>
    <tr>
    <td><% = num %></td>
    <td><% = user.get("cardid") %></td>
    <td><% = user.get("name") %></td>
    <td><% = user.get("count") %></td>
    <td><% = user.get("license") %></td>
    <td><% = user.get("phone") %></td>
    <td><% = user.get("opendate") %></td>
    <td><a href = "del_user.jsp?cardid = <% = user.get("cardid") %>">删除</a>
    <a href = "edit_user.jsp?cardid = <% = user.get("cardid") %>">修改</a></td>
    </tr>
    <%
}
%>
</table>
</div>
</body>
</html>
```

删除用户信息的界面为 del_user.jsp，代码如下。

```
<%@page import = "java.util.Map" %>
<%@page import = "java.util.List" %>
<%@page import = "model.UserService" %>
<%@ page language = "java" contentType = "text/html; charset = UTF-8"
    pageEncoding = "UTF-8" %>
<!DOCTYPE html>
```

```
<html>
<head>
<meta charset = "UTF - 8">
<title>删除用户</title>
</head>
<body>
<%
String cardid = request.getParameter("cardid");
UserService us = new UserService();
int r = us.delUser(cardid);
if(r == 1)
    out.println("删除用户成功!");
else
    out.println("删除用户失败");
%>
<a href = "list_users.jsp">返回用户列表</a>
</body>
</html>
```

用户的增加和修改功能，用户可以参照以上的用户列表和用户删除功能，自行实现，在此不再赘述。

5.1.4 为硬件端和移动端提供服务

作为物联网服务器，除了门户展示和信息管理功能之外，另一个重要功能是为物联网系统中的硬件端和移动端提供服务，使得硬件端实时采集的数据可以上传至服务器持久化存储，并由服务器进行后续的数据分析处理。同时使得移动端可以通过服务器实时查看数据变化，或发送指令给服务器，硬件端查询后，执行器件做出相应的改变。

下面以智能停车场的车位泊车信息为例，实现硬件端接口和移动端接口。智能停车场的车位信息对应数据库中的 psd 表，其表结构如图 5-45 所示。

Name	Type	Length	Decimals	Not null	Virtual	Key	Comment
node	int	1	0	☑	☐	1	
status	varchar	6	0	☑	☐		

图 5-45　psd 表结构

其中，node 表示停车位节点，status 表示停车位状态。每个停车位上方部署有超声测距传感器，测量传感器与地面距离。没有车辆泊车的情况下，距离约为 3.5m，当有车辆泊车的情况下，测距结果小于 2.5m。依据这个原理进行车位空闲和占用的判断。硬件端会将测距结果发送给服务器，服务器端则修改 psd 表中的 status 状态，从而存储车位的泊车状态。

移动端通过网络通信框架访问服务器端，查询 psd 表中对应的车位节点的 status 状态，从而实现用户通过 Android APP 远程查看车位占用情况。

因此，服务器提供两套接口，分别为硬件端和移动端。硬件端组成 ZigBee 网络后，终端节点部署于每个车位上方，I/O 端口连接超声测距传感器，检测车位状态，发送给协调器，协调器将信息发送至服务器。协调器与服务器端的接口采用 Servlet 编写，代码如下。

Coord. java

```
package parkinglot;

import java.io.IOException;
import java.sql.Date;
import java.sql.Timestamp;
import java.text.DateFormat;
import java.text.SimpleDateFormat;
import java.util.Iterator;
import java.util.List;
import java.util.Locale;
import java.util.Map;

import javax.servlet.ServletException;
import javax.servlet.annotation.WebServlet;
import javax.servlet.http.HttpServlet;
import javax.servlet.http.HttpServletRequest;
import javax.servlet.http.HttpServletResponse;

import utils.DBUtil;

/**
* Servlet implementation class Coord
*/
@WebServlet("/Coord")
public class Coord extends HttpServlet {
    private static final long serialVersionUID = 1L;

    /**
     * @see HttpServlet#HttpServlet()
     */
    public Coord() {
        super();
        // TODO Auto-generated constructor stub
    }

    /**
     * @see HttpServlet#doGet(HttpServletRequest request, HttpServletResponse response)
```

```
    */
    protected void doGet (HttpServletRequest request, HttpServletResponse response)
throws ServletException, IOException {
        DBUtil db;
        db = new DBUtil();
        String sql;

        String cardId = null;
        cardId = request.getParameter("card");

        String role = null;
        role = request.getParameter("role");

        String dis = null;
        dis = request.getParameter("dis");

        String temp = null;
        String hu = null;
        temp = request.getParameter("temp");
        hu = request.getParameter("hu");
        System.out.println("yes");

        if(cardId != null) {
            if(role != null) {
                if(role.equals("enter")) {
                  sql = "insert into card(cardid,starttime,status) VALUES('" + cardId
 + "',now(),'泊车');";
                    db.update(sql);
                    sql = "select * from card where cardid = '" + cardId + "';";
                    List<Map<String, String>> list = db.getList(sql);
                    Iterator<Map<String, String>> iter = list.iterator();

                    //inverse control relay to control machine
                    if (list.isEmpty()){
                        response.getWriter().append("0");
                    } else {
                        response.getWriter().append("1");
                    }
                } else if (role.equals("exit")) {
                    //update endtime
                    sql = "update card set endtime = now() where cardid = '" + cardId + "';";
                    db.update(sql);

                    //acquire charge rule -- fee
                    sql = "select fee from chargerule;";
                    Map<String,String> res = db.getMap(sql);
```

```
                        String feeString = res.get("fee");
                        int fee = Integer.parseInt(feeString);

                        int charge = 0;

                        //acquire timestamp through cardid
                        sql = "select * from card where cardid = '" + cardId + "';";
                        res = db.getMap(sql);
                        //calculate min
                        try {
                            Timestamp times = string2Time(res.get("starttime"));
                            Timestamp timee = string2Time(res.get("endtime"));

                            long nd = 1000 * 24 * 60 * 60;
                            long nh = 1000 * 60 * 60;
                            long nm = 1000 * 60;
                            // ms
                            long diff = timee.getTime() - times.getTime();
                            // min
                            long min = diff % nd % nh / nm;
                                    charge = (int) ((min/15) * fee);
                        } catch (Exception e) {
                            e.printStackTrace();
                        }

                        //update status and charge
                        sql = "update card set status = '离开', charge = '" + charge + "'
where cardid = '" + cardId + "';";
                        db.update(sql);

                        request.getRequestDispatcher("UpdateUser?cardid = " + cardId).
forward(request, response);
                    }
                }
            }

            if(dis != null && role != null) {
                int disint = Integer.parseInt(dis);
                //no car
                if(disint >= 100) {
                    sql = "update psd set status = '空闲' where node = '" + role + "';";
                } else {
                    sql = "update psd set status = '泊车' where node = '" + role + "';";
                }
                db.update(sql);
            }
```

```
        if(temp != null && hu != null && role != null) {
            System.out.println("温湿度");
            sql = "insert into dht11(temp,hu,time,node) VALUES('" + temp + "','" + hu
+ "',now(),'" + role + "');";
            db.update(sql);
        }

    }

    /**
     * @see HttpServlet # doPost (HttpServletRequest request, HttpServletResponse
response)
     */
    protected void doPost(HttpServletRequest request, HttpServletResponse response)
throws ServletException, IOException {
        doGet(request, response);
    }


    /**
     * method 将字符串类型的日期转换为一个 Date(java.sql.Date)
     * @param dateString 需要转换为 Date 的字符串
     * @return dataTime Date
     */

    public final static java.sql.Date string2Date(String dateString)
    throws java.lang.Exception {
    DateFormat dateFormat;
    dateFormat = new SimpleDateFormat("yyyy - MM - dd", Locale.ENGLISH);
    dateFormat.setLenient(false);
    java.util.Date timeDate = dateFormat.parse(dateString);           //util 类型
    java.sql.Date dateTime = new java.sql.Date(timeDate.getTime());   //sql 类型
    return dateTime;
    }

    /**
     * method 将字符串类型的日期转换为一个 timestamp(时间戳记 java.sql.Timestamp)
     * @param dateString 需要转换为 timestamp 的字符串
     * @return dataTime timestamp
     */

    public final static java.sql.Timestamp string2Time(String dateString)
            throws java.text.ParseException {
            DateFormat dateFormat;
            dateFormat = new SimpleDateFormat("yyyy - MM - dd kk:mm:ss.SSS", Locale.
ENGLISH);        //设定格式
```

```
            //dateFormat = new SimpleDateFormat("yyyy - MM - dd kk:mm:ss", Locale.
ENGLISH);
            dateFormat.setLenient(false);
            java.util.Date timeDate = dateFormat.parse(dateString);     //util 类型
            java.sql.Timestamp dateTime = new java.sql.Timestamp(timeDate.getTime());
                              //Timestamp 类型,timeDate.getTime()返回一个 long 型
            return dateTime;
            }

}
```

移动端采用 Android 技术实现,用户通过移动端远程查看车位状态。移动端通过网络请求,访问服务器。服务器端为移动端开发提供的接口代码如下。

QueryAllPSDData.java

```
package parkinglot;

import java.io.IOException;
import java.util.ArrayList;
import java.util.Iterator;
import java.util.List;
import java.util.Map;

import javax.servlet.ServletException;
import javax.servlet.annotation.WebServlet;
import javax.servlet.http.HttpServlet;
import javax.servlet.http.HttpServletRequest;
import javax.servlet.http.HttpServletResponse;

import bean.PSD;
import utils.DBUtil;

/**
 * Servlet implementation class QueryAllUsers
 */
@WebServlet("/QueryPSDData")
public class QueryPSDData extends HttpServlet {
    private static final long serialVersionUID = 1L;

    /**
     * @see HttpServlet#HttpServlet()
     */
    public QueryPSDData() {
        super();
        // TODO Auto-generated constructor stub
    }
```

```
    /**
     * @see HttpServlet#doGet(HttpServletRequest request, HttpServletResponse
response)
     */
    protected void doGet(HttpServletRequest request, HttpServletResponse response)
throws ServletException, IOException {
        doPost(request, response);
    }

    /**
     * @see HttpServlet#doPost(HttpServletRequest request, HttpServletResponse
response)
     */
    protected void doPost(HttpServletRequest request, HttpServletResponse response)
throws ServletException, IOException {
        request.setCharacterEncoding("utf-8");
        response.setContentType("text/html;charset=utf-8");
        response.setCharacterEncoding("utf-8");

        List<PSD> psdList = new ArrayList<PSD>();

        DBUtil db = new DBUtil();
        String sql;

        sql = "select * from psd;";
        List<Map<String, String>> list = db.getList(sql);
        Iterator<Map<String, String>> iter = list.iterator();

        if (list.isEmpty()){
            System.out.println("query nothing!");
        } else {
            while (iter.hasNext()) {
                Map<String, String> tempmap = (Map<String, String>) iter.next();
                PSD psd = new PSD();
                psd.setNode(tempmap.get("node"));
                psd.setStatus(tempmap.get("status"));
                psdList.add(psd);
            }
        }


        request.setAttribute("psdList",psdList);
        request.getRequestDispatcher("psdlist.jsp").forward(request, response);
    }

}
```

5.2　物联网移动端

5.2.1　Android 平台

Android 平台是我们生活中接触较多的平台，许多手机厂商是基于 Android 定制的系统，很多开发商开发基于 Android 平台的 App，在物联网中使用 Android 开发嵌入式控制程序。可以说，Android 是人们工作和生活中不可缺少的平台。因此，本书所研究的项目对于 Android 平台专门开发了一款 App。图 5-46 是一个简化的 Android 软件层次结构。

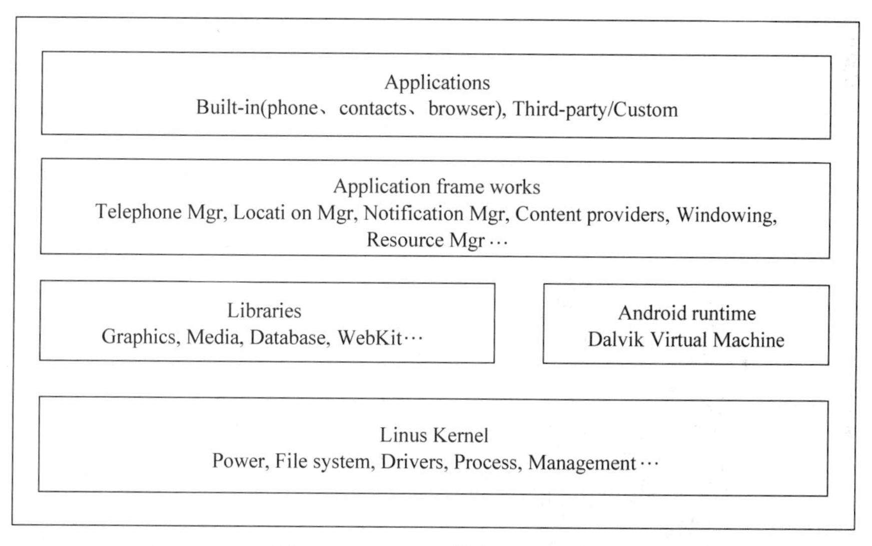

图 5-46　Android 软件层次结构

5.2.2　Android Studio 环境的安装

IDE 是 Intelligent Development Environment 的简称，即智能开发环境。Android IDE 是为 Android 应用开发提供支持的开发软件，有关 Android 的项目和代码将在 Android IDE 中管理。Android IDE 是一个集成开发环境，常用的 Android IDE 有 Eclipse＋ADT、ADT-Bundle 和 Android Studio。本书采用 Android Studio 作为移动端程序的集成开发环境。下面介绍 Android Studio 的安装配置过程。

（1）从 Android Studio 官方网址 http://www.android-studio.org/下载 Android Studio，界面如图 5-47 所示。

（2）下载好安装包之后，单击 Next 按钮进行安装，如图 5-48 所示。

图 5-47　Android Studio 官方网站

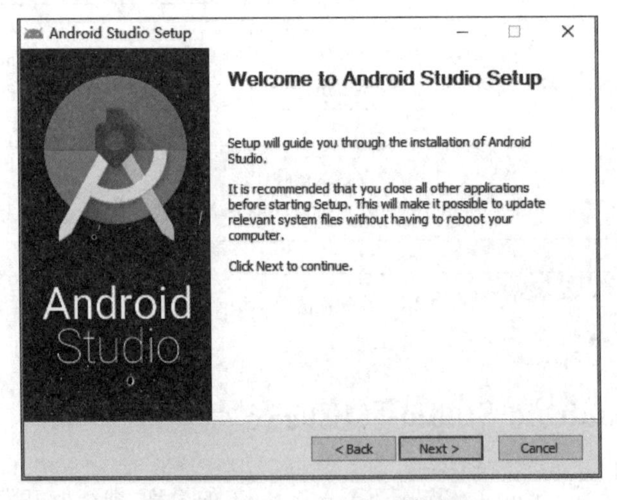

图 5-48　Android 安装开始界面

(3) 在选择组件对话框中，选择安装 Android Studio 虚拟机，如图 5-49 所示。

(4) 在如图 5-50 所示的界面中，选择 Android Studio 的安装路径。

(5) 在如图 5-51 所示的界面中，为 Android Studio 选择一个开始菜单文件夹，以便创建编程中使用到的快捷键。

(6) 进入安装界面及安装完成界面如图 5-52～图 5-54 所示。

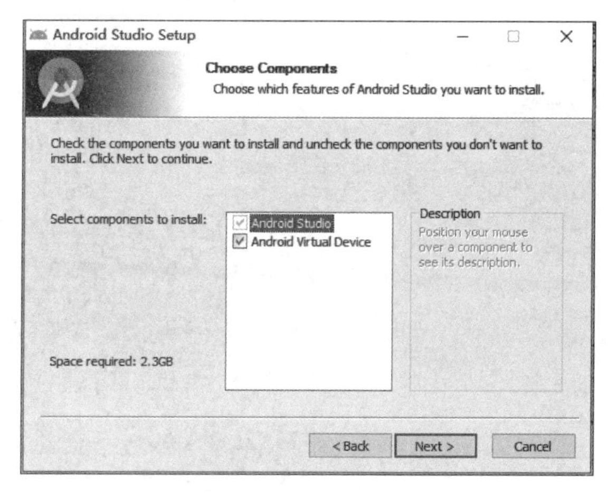

图 5-49　选择组件界面

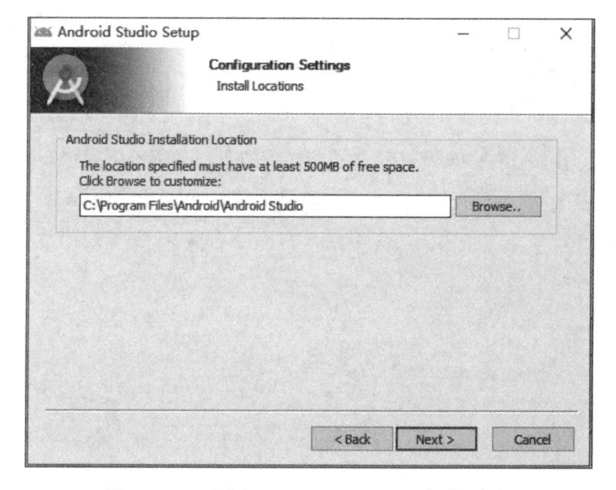

图 5-50　选择 Android Studio 安装路径

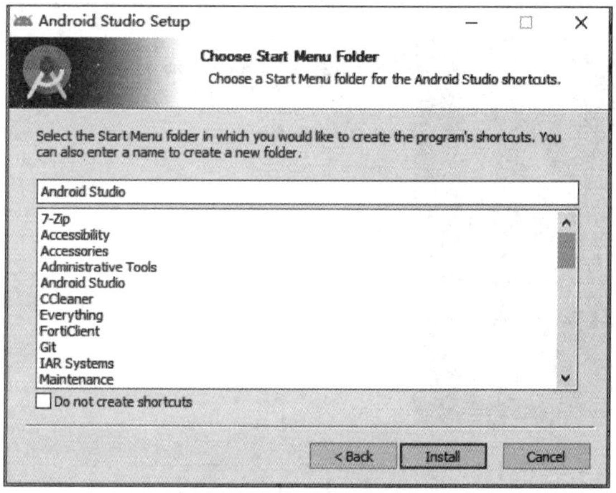

图 5-51　选择 Android Studio 开始菜单文件夹

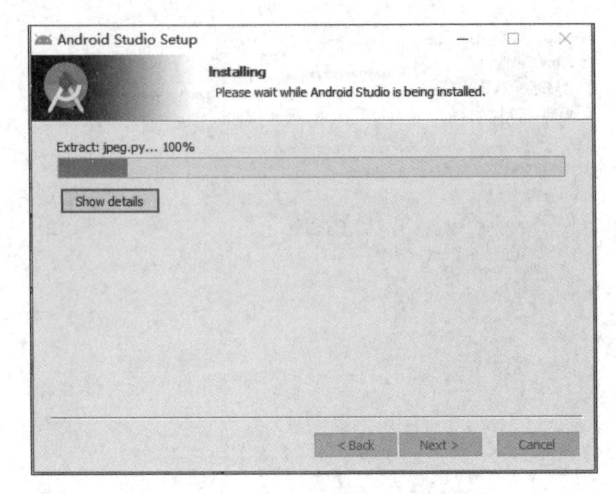

图 5-52　Android Studio 安装进度

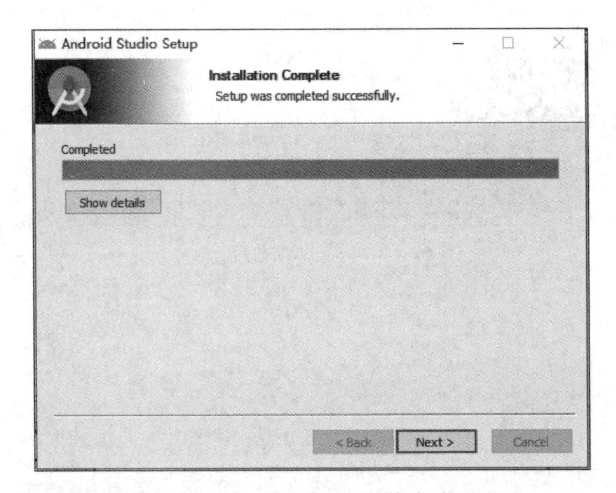

图 5-53　Android Studio 安装完成界面 1

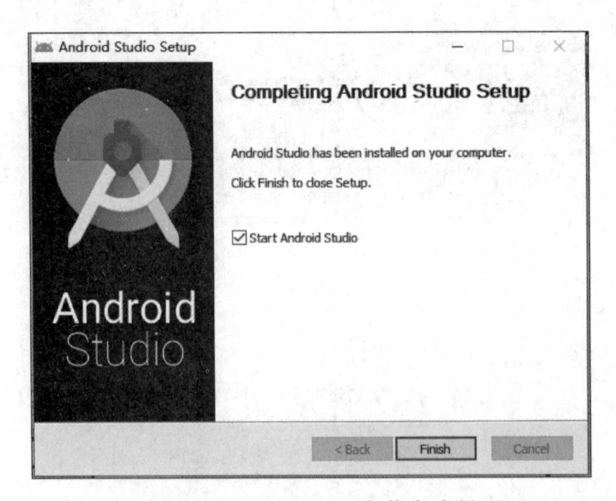

图 5-54　Android Studio 安装完成界面 2

(7) 在导入 Android Studio 设置选项中，选择 Do not import settings，如图 5-55 所示。

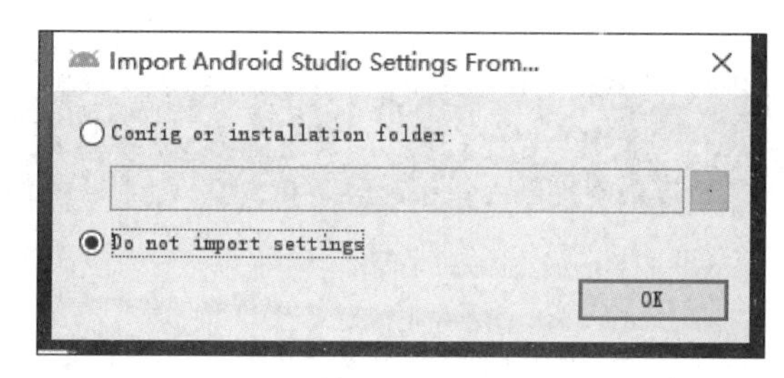

图 5-55　暂不导入 Android Studio 设置

(8) 在如图 5-56 所示的界面中，提示无法找到 Android SDK，此时单击 Cancel 按钮。

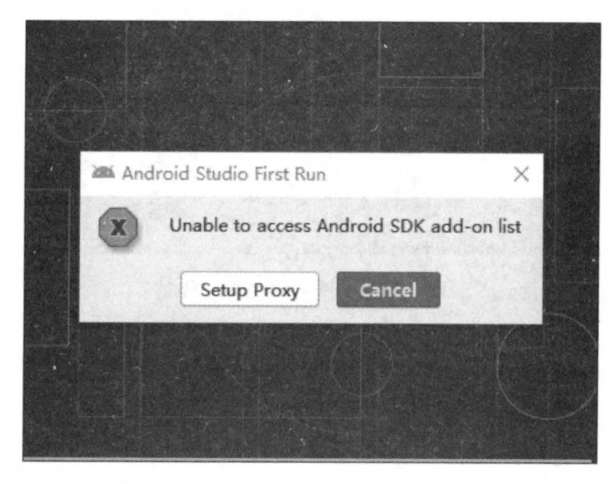

图 5-56　取消 Android SDK 获取

(9) 进入 Android Studio 的安装设置欢迎界面，如图 5-57 所示。

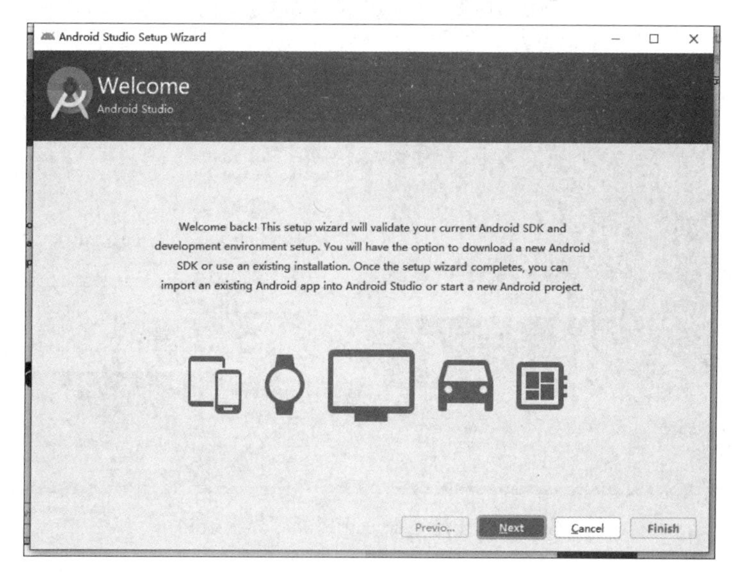

图 5-57　Android Studio 设置欢迎界面

（10）在安装类型中，选择标准安装，如图 5-58 所示。

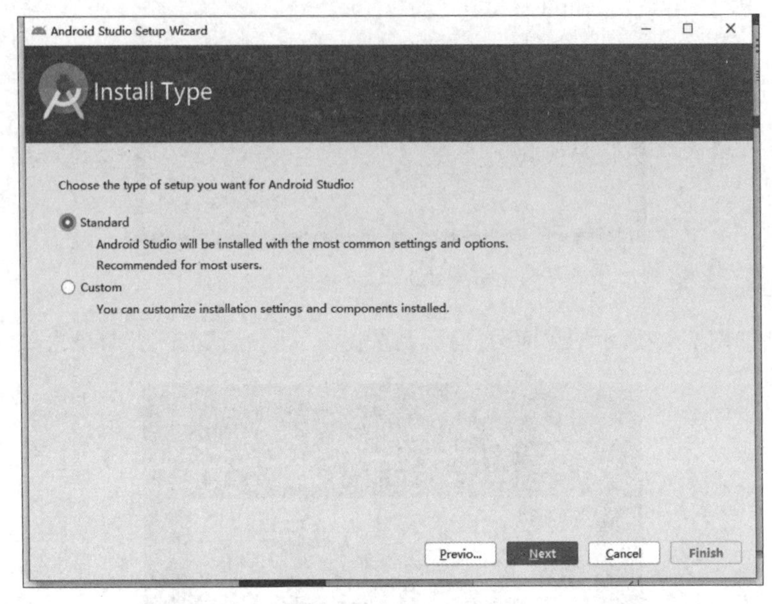

图 5-58 选择安装类型

（11）选择 Android Studio 的界面风格界面，可以选择自己熟悉的编程界面风格，如图 5-59 所示。

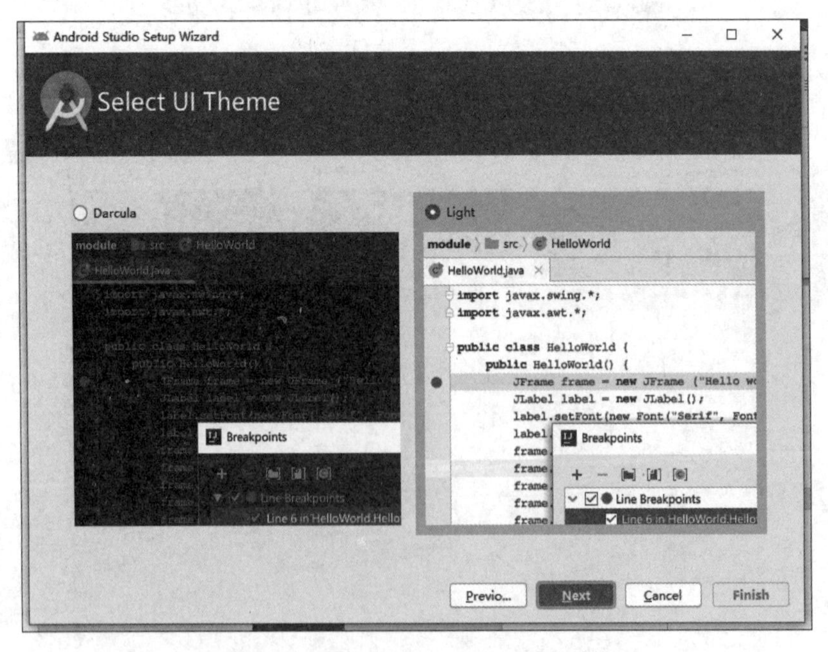

图 5-59 选择 Android Studio 界面风格

SDK 是 Software Development Kit 的简称，即软件开发工具包，一般是被软件工程师用于为特定的软件包、软件框架、硬件平台、操作系统等建立应用软件的开发工具的集合。

在 Android 中，Android SDK 为开发者提供了库文件以及其他开发所用到的工具。简单理解为 Android 开发工具包集合，是整体开发中所用到的工具包。这里需要指定 SDK 的本地路径，如果之前计算机中已经存在 SDK，可以指定该路径，后续就可以不用下载 SDK；这里暂时可以指定一个后续将保存 SDK 的路径，如图 5-60 所示。随后进入下载组件过程，如图 5-61 和图 5-62 所示。

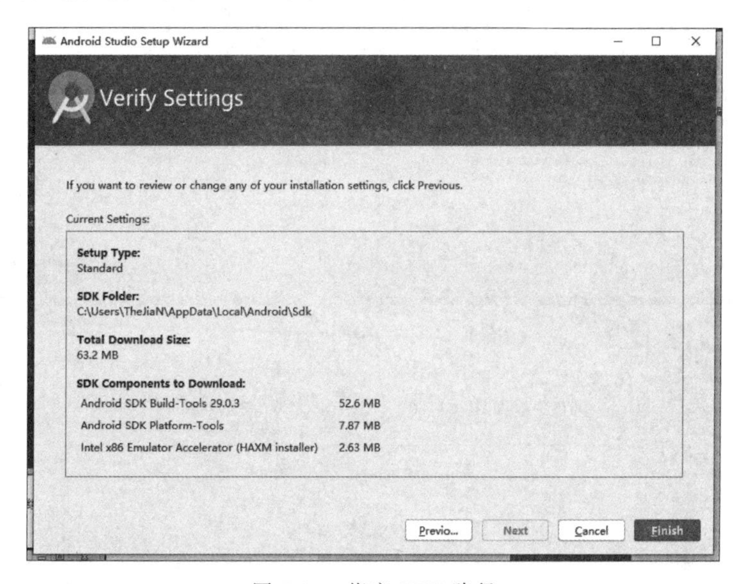

图 5-60　指定 SDK 路径

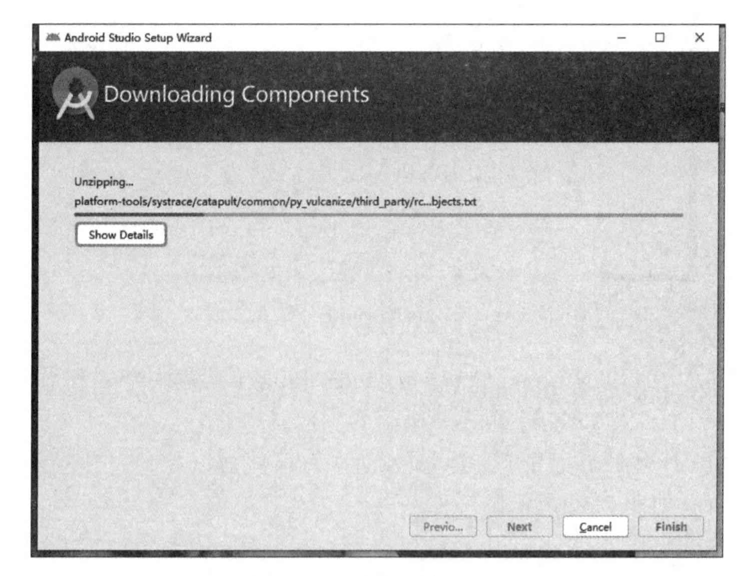

图 5-61　下载组件过程 1

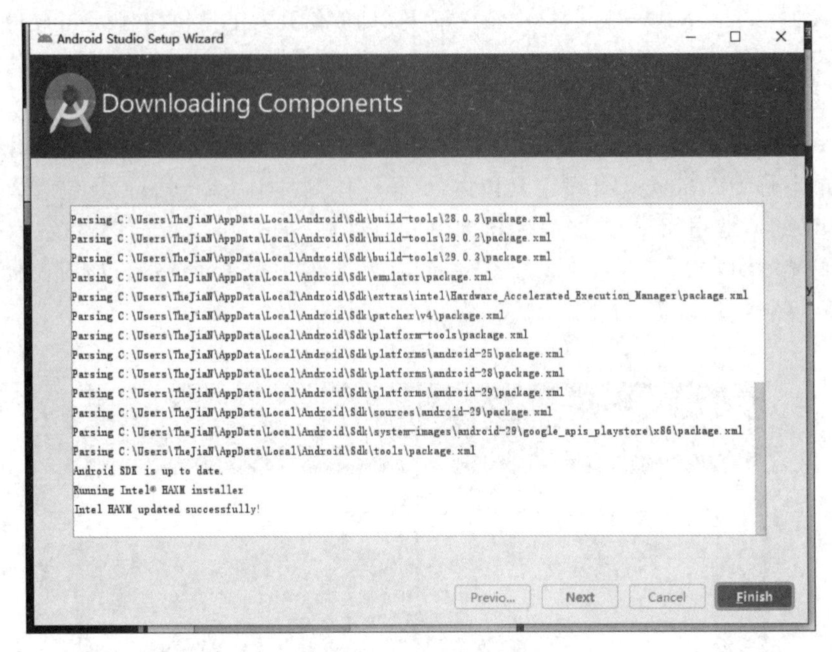

图 5-62　下载组件过程 2

组件下载完毕后，Android Studio 即安装成功，如图 5-63 所示。

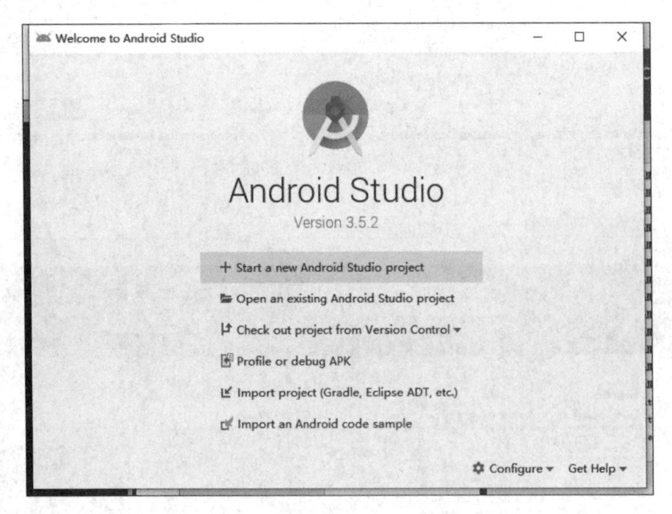

图 5-63　Android Studio 安装成功

单击图 5-63 中的 Start a new Android Studio project 新建一个工程，进入如图 5-64 所示界面，选择 Empty Activity 作为一个新的界面。

在如图 5-65 所示的界面中，新建一个新的工程，并加以配置。建立新工程后会出现工程编辑界面，如图 5-66 所示。

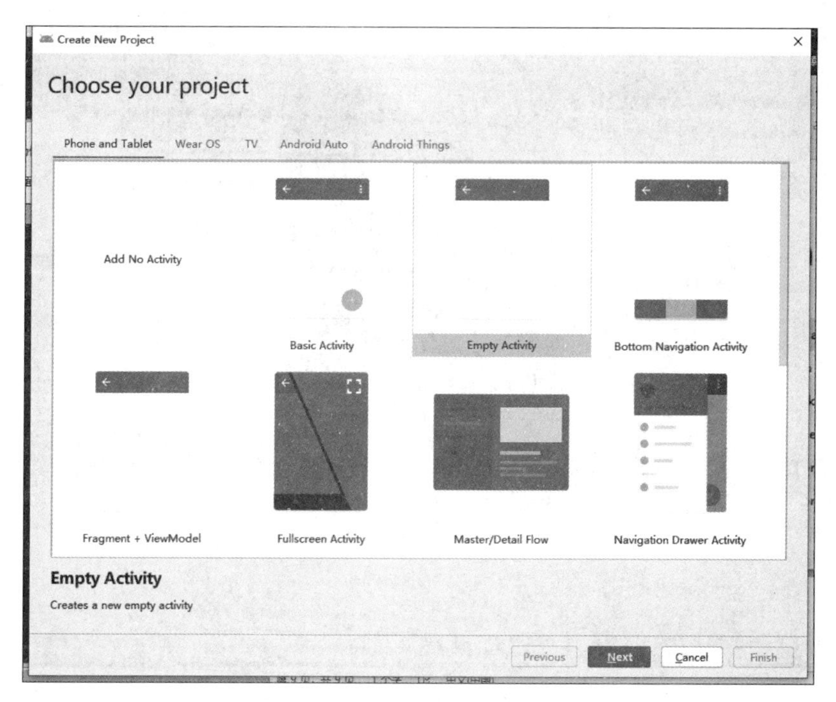

图 5-64　新建一个 Activity

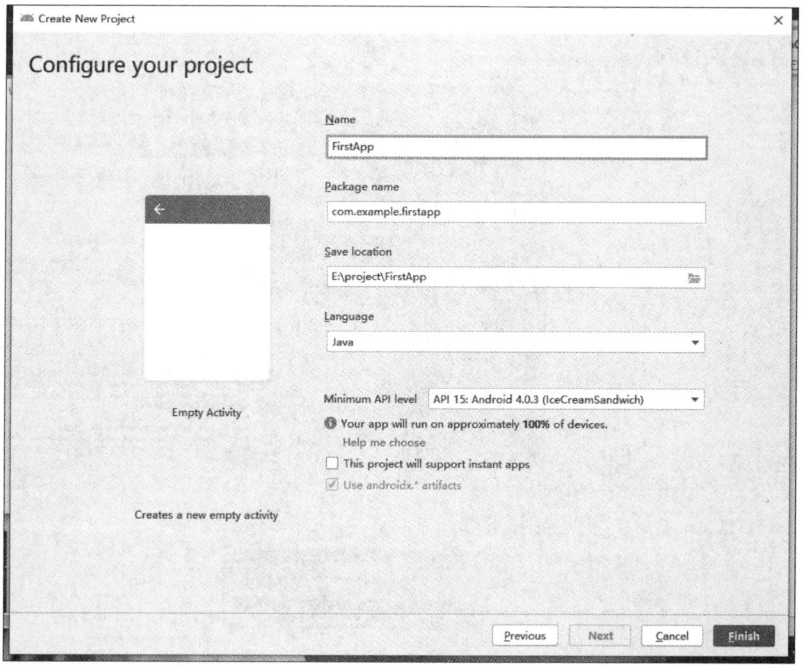

图 5-65　新建一个新的 Android 工程

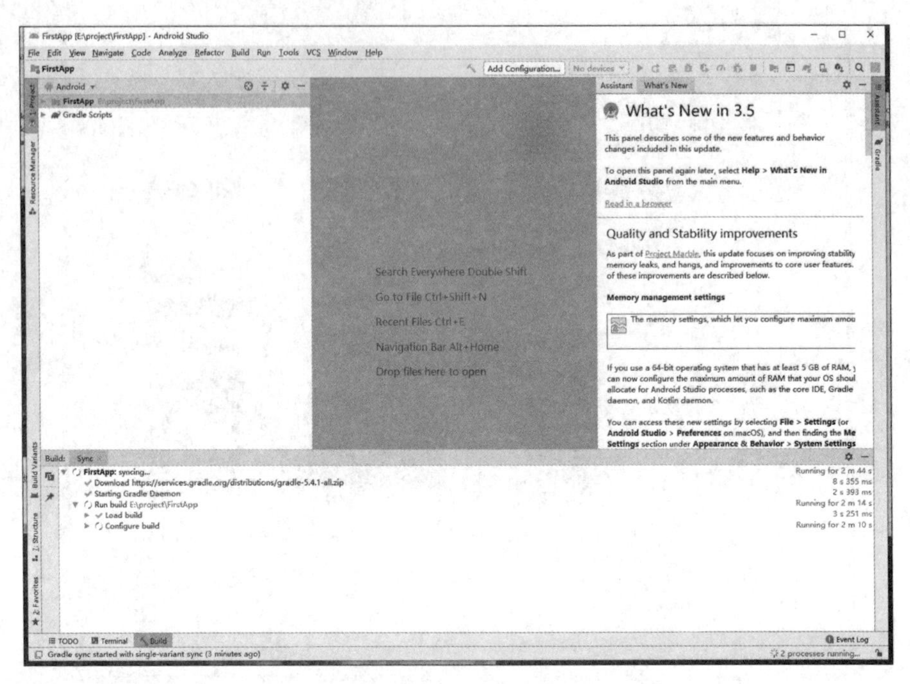

图 5-66　工程编辑界面

工程建立完成后，系统开始构建 gradle，如图 5-67 所示。

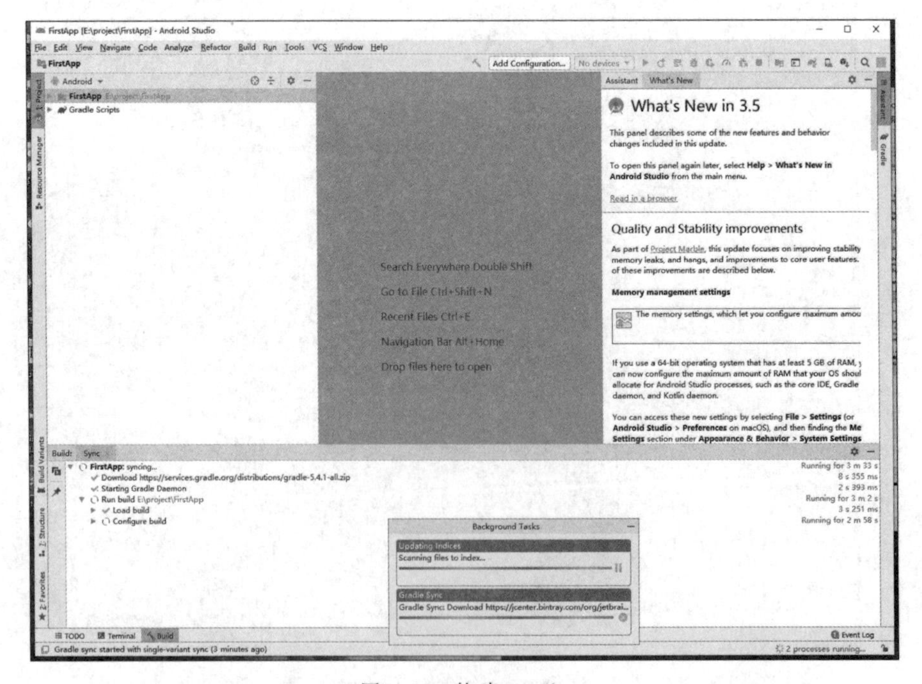

图 5-67　构建 gradle

gradle 构建成功之后，出现如图 5-68 所示的界面，代表一个 Android Studio 工程已经建立成功。即可在编码区域开始工程的编码实现，如图 5-69 所示。

图 5-68　Android Studio 工程建立成功

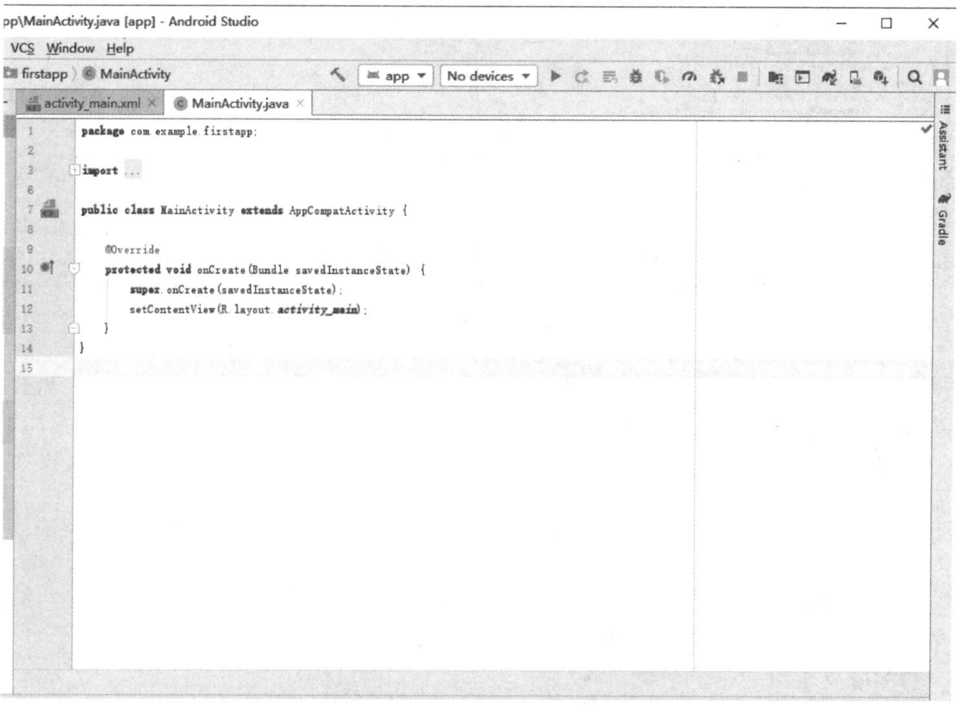

```
1   package com.example.firstapp;
2
3   import ...
6
7   public class MainActivity extends AppCompatActivity {
8
9       @Override
10      protected void onCreate(Bundle savedInstanceState) {
11          super.onCreate(savedInstanceState);
12          setContentView(R.layout.activity_main);
13      }
14  }
15
```

图 5-69　Android Studio 工程代码编辑区域

Android 工程编码完成后，可通过单击 Build→Build Bundle(s)/APK(S)选项，生成 Android APK 文件，用于在 Android 模拟器或 Android 系统的真机上运行测试，如图 5-70 所示。

5.2.3　Android 网络通信

OkHttp 框架是一个处理网络请求的开源项目，是安卓端的轻量级框架，由 Square 公司开发，用于替代 HttpUrlConnection 和 Apache HttpClient。OkHttp 框架可以支

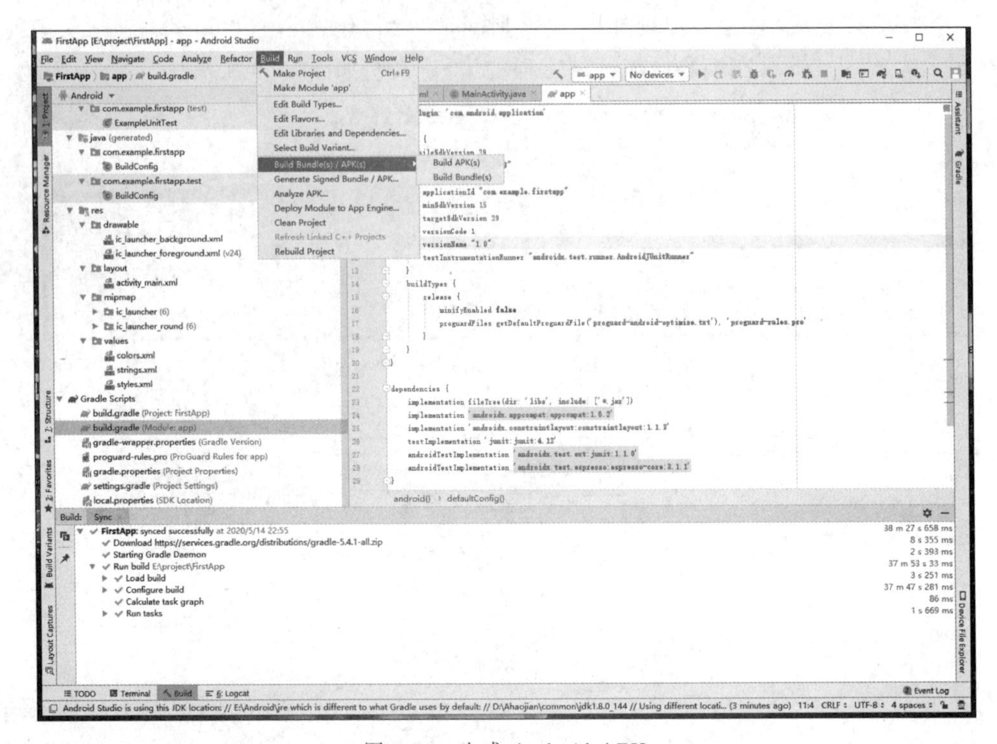

图 5-70 生成 Android APK

持 Android 2.3 及以上版本，需要 JDK 1.7 及以上版本。本书介绍利用 OkHttp 框架实现安卓端与服务器网络通信的方法。

OkHttp 框架优点如下。

(1) 允许连接到同一个主机地址的所有请求，提高请求效率。

(2) 共享 Socket，减少对服务器的请求次数。

(3) 通过连接池，减少了请求延迟。

(4) 通过缓存响应数据来减少重复的网络请求。

(5) 减少了对数据流量的消耗。

(6) 自动处理 GZip 压缩。

使用 OkHttp 框架之前，需要在工程中引入 OkHttp 包，OkHttp 框架还依赖另一个 okio 包，同样需要引入，代码如下所示；也可以在相应的 model 中的 build. gradle 配置文件中填入，然后将工程同步，环境会自动下载需要的包。

```
compile 'com.squareup.okhttp3:okhttp:3.2.0'
compile 'com.squareup.okio:okio:1.7.0'
//可以修改版本号
```

需要在 Android 工程中设置网络权限：

```
<user-permission andriod:name="andriod.premission.INTERNET"/> <!-- 用户连接网络权限 -->
```

OkHttp 框架的使用涉及 OkHttpClient、RequestBody、Request、Call、Response 等基本类。

(1) OkHttpClient：对于该类创建对象实例化的方式有默认的标准形式和自定义形式两种。

- 标准形式采用如下代码进行实例化。

```
OkHttpClient mOkHttpClient = new OkHttpClient();
```

- 以自定义形式实例化 OkHttpClient 对象时，可以设置网络连接的超时时长、读取超时时长和写入超时时长，可以调用 build()方法进行实例化，代码如下。

```
OkHttpClient mOkHttpClient = new OkHttpClient.Builder()
                .connectTimeout(10,TimeUtil.SECONDS)     //为新连接设置默认连接超时
                                                           时长，第一个参数是时长，第
                                                           二个参数是单位
                .readTimeout(10,TimeUtil.SECONDS)        //设置新连接的默认读取超时
                                                           时长
                .writeTimeout(10,TimeUtil.SECONDS)       //设置新连接的默认写入超时
                                                           时长
                .cache(setCache)                         //设置用于读取和写入缓存响
                                                           应的响应缓存[1]
                .build();
```

在如上代码的[1]处，需要一个参数为 Cache 的对象，如下代码定义了 Cache 对象，大小是 10×1024×1024，在访问 File 对象指定的路径 filePath 时，可以扩展缓存区域大小。

```
//[1]:参数为 Cache 对象
File filePath = new File(getExternalCacheDir(),"netCache");
int cacheSize = 10 * 1024 * 1024;
Cache setCache = new Cache(filePath,cacheSize);
```

在 OkHttp2.x 版本中，设置以上超时时长的代码有所不同，如下所示。

```
mOkHttpClient.setConnectTimeout(10,TimeUtil.SECONDS);
mOkHttpCLient.setConnectTimeout(10,TimeUtil.SECONDS);
mOkHttpClient.setConnectTimeout(10,TimeUtil.SECONDS);
mOkHttpClient.setCache(setCache);
```

(2) RequestBody：该类是用于封装 OkHttp 框架进行网络通信时的请求体，适用于 post 请求方式，用于上传数据到服务器。其核心方法有如下 4 个。

```
public abstract MediaType contentType()
public long MediaType contentLength()
public abstract void writeTo(BufferedSink sink)
public static RequestBody create(MediaType contentType,String content) [2]
```

其中，MediaType 可以是多种类型，该类的对象实例化方式如下。

```
  //[2]:第二个参数可以是多种类型;该类存在 create 的多个重载方法
        //该类的对象实例化方式:
MediaType mMediaType = MediaType.parse("application/octet-stream");
//http://tool.oschina.net/commons
File putFile = new File(Environment.getExternaStorageDirectory(),"文件名.扩展名");
//父路径和子路径两个参数拼接起来为文件地址绝对地址
RequestBody mRequestBody = RequestBody.create(mMediaType,putFile);
```

RequestBody 的 create()方法需要两个参数：指定要上传文件的类型和文件对象本身。如果用 create()方法上传键值对类型的数据，可使用 FormBody，代码如下。

```
//使用 create()方法一般用于上传文件或字符串类型数据,对于上传键值对类型数据将会使
用 FormBody
RequestBody mRequestBody = FormBody.Builder()
                .add("key","value1")
                .add("key","value2")
                .build();
```

(3) Request：该类用于生成网络连接请求对象，包括请求参数、请求头、请求方式等多种信息，常用方法有 url()、post()、method()、headers()等。

```
Request mRequest = new Request.Builder()
            .url("http://www.baidu.com")
            .post(mRequestBody) [4]
            .build();
```

请求体可以通过 post()方法提交，如果不明确调用 post()方法，则可使用 get()方法请求网络。使用 post()方法上传数据比 get()方法更安全，数据大小不受限制，多个参数可以封装成请求体上传，对于长表单数据、上传文件，首选 post()方法请求网络。

(4) Call：该类是网络请求执行的最后一个需要实例的对象，该类提供了网络请求的同步与异步连接方式，网络连接属于耗时操作，因此不能编写在 UI 线程中。如果在网络请求后，需要更新 UI 布局就需要调用 Handler，实现 Handler 的 runOnUiThread()方法如下。

```
Call mCall = mOkHttpClient.newCall(mRequest);
//使用异步网络连接
mCall.enqueue(new CallBack(){
    @override
    public void onFailure(Call call,IOException e){
        //网络连接失败
    }
    @override
    public void onResponse(Call call,Response response){
        if(response.isSuccessful()){
            //请求数据成功,返回 code 为 200～300 [5]
        }else{
            //请求数据失败
        }
    }
});
```

其中,请求数据成功,服务器将返回响应状态码。响应状态码是在程序中经常需要判断的一个值,响应状态码大致分为:

- 1××: 信息,表示请求收到,继续处理;
- 2××: 成功,表示请求成功;
- 3××: 重定向,为完成请求客户需进一步细化请求;
- 4××: 由客户端引发的错误;
- 5××: 由服务器引发的错误。

因此,2××(以 2 开头的状态码)表示请求成功。判断请求是否成功,及判断是否得到了请求成功的响应状态码,response.isSuccessful()的源码如下。

```
public boolean isSuccessful(){
    return code >= 200 && code < 300;
}
```

使用同步方式请求网络,在 Android 编程中被归类为耗时操作,耗时操作不允许在 UI 主线程中运行,因此需要开启新的子线程,代码如下。

```
new Thread(new Runnable(){
    Call mCall = mOkHttpClient.newCall(mRequest);
    Response mResponse = mCall.execute();        //涉及的 Response 对象知识点
    if(mResponse.isSuccessful()){
        //网络同步请求成功,更新 UI 布局需要使用 runOnUiThread()方法
    }else{

    }
```

```
}).start();                    //创建一个子线程后需要使用 start()方法启动该线程

注:runOnUiThread(new Runnable(){
        @override
        public void run(){
            //更新 UI 的逻辑代码
        }
    });

//同步方法会阻塞当前线程的执行,异步方法不会阻塞当前线程的执行
```

(5) Response：该类是网络请求后的响应信息对象，对于服务器返回的数据均存放在该示例对象中，而且对于 Response 实例一次请求中只能有一次有效调用，如果调用两次将会出现程序错误，这就使得在需要多次使用数据前要将 Response 实例中的数据保存下来，Response 类提供了多种方法，如 body、code、protocol、request、isSuccessful、headers(响应头对象)、toString 等。

```
Response mResponse = mCall.execute();
if(mResponse.isSuccessful()){
    String str = mResponse.body().string();   [6]
    int code = mResponse.code();
    Protocol protocol = mResponse.protocol();
    Request request = mResponse.request();
    String head = mResponse.toString();
    Log.i("Response 响应信息集:","" + str + code + protocol + request + head);
}
```

基于以上五个类，就可以写出基本的 get()、post()请求，进行同步或异步的网络连接了。对于 OkHttpClient 表示 HTTP 请求的客户端类，大多数情况下推荐只使用创建一个该对象的实例，全局使用。

下面是一个完整的关于 post()请求的异步方法示例。

```
public class PostAsyn(){
    private TextView tvShowNetInfo;
    public static OkHttpClient okHttpClient;
    static(
        okHttpClient = new OkHttpClient.Builder()
                .connectTimeout(15,TimeUnit.SECONDS)
                .readTimeout(15,TimeUnit.SECONDS)
                .writeTimeout(15,TimeUnit.SECOND)
                .build();
    );
    @Overvide
    public void onCreate(Bundle saveInstanceState){
```

```
        super.onCreate(saveInstanceState);
        setContentView(R.layout.activity_main);
        tvShowNetInfo = (TextView) findViewId(R.id.tv_show_net_info);
        postAsynDate();
    }
    public void postAsynData(){
        RequestBody requestBody = new FormBody.Builder()
                        .add("key1","value1")
                        .add("key2","value2")
                        .build();
        Request requset = new Request.Builder()
                    .url("http://www.baidu.com")
                    .post(requestBody)
                    .build();
        Call call = okHttpClient.newCall(request);
        call.enqueue(new Callback(){
                @Overvide
                public void onFailure(Call call,IOException e){
                    goUiThread("网络连接失败");
                }
                @Overvide
                public void onResponse(Call call,Response response){
                    if(response.isSuccessful()){
                        goUiThread("请求数据成功,响应码:" + response.code());
                    }else{
                        goUiThread("网络连接成功,但是没有响应数据,响应码:" +
response.code());
                    }
                }
            }

        );
    }
    private void goUiThread(final String str){
        runOnUiThread(new Runnable(){
            @Overvide
            public void run(){
                tvShowNetInfo.setText(str);
            }
        });
    }
}
//对应的布局文件略
```

5.3 习题

1. 下列(　　)选项不是JSP运行所必需的软件环境。

   A. 操作系统　　B. JavaJDK

   C. 支持JSP的Web服务器　　D. 数据库

2. 在JDBC中,用来描述结果集的接口是(　　)。

   A. Statement　　B. Connection

   C. ResultSet　　D. DriverManager

3. 在JDBC API中,下列(　　)接口或类可以用来保存从数据库返回的查询结果。

   A. ResultSet　　B. Connection

   C. Statement　　D. DriverManager

4. 在JDBC API中,下列(　　)接口或类可以用来执行SQL语句。

   A. ResultSet　　B. Connection

   C. Statement　　D. DriverManager

5. 下述选项中不属于JDBC基本功能的是(　　)。

   A. 与数据库建立连接　　B. 提交SQL语句

   C. 处理查询结果　　D. 数据库维护管理

6. 假设已创建了语句对象名为sta,下列语句中错误的是(　　)。

   A. sta.executeUpdate("delete from food where price < 0");

   B. sta.executeQuery("delete from food where price < 0");

   C. sta.execute("delete from food where price < 0");

   D. sta.executeQuery("select * from food where price < > 0");

7. 创建JDBC的数据库连接对象,下列语句中正确的是(　　)。

   A. Connection conn = DriverManager.getConnection("jdbc:mysql://127.0.0.1:3306/mealsystem", "root", "root");

   B. Connection conn = Class.forName("jdbc:mysql://127.0.0.1:3306/mealsystem", "root", "root");

   C. Connection conn = Driver.getConnection("jdbc:mysql://127.0.0.1:3306/mealsystem", "root", "root");

   D. Connection conn = DriverManager.getConnection("com.mysql.jdbc.Driver", "root", "root");

8. 下列关于JDBC说法中错误的是(　　)。

   A. JDBC使得编程人员从复杂的驱动器调用命令和函数中解脱出来,可以致力于应用程序中的关键地方

B. JDBC 支持非关系数据库，如 NoSQL 等

C. 用户可以使用 JDBC-ODBC 桥驱动器将 JDBC 函数调用转换为 ODBC

D. JDBC API 是面向对象的，可以让用户把常用的方法封装为一个类以备后用

9. 请阐述 MVC 设计模式的含义，并说明 M、V、C 各自代表什么层次。

10. 下列关于 MVC 的说法中错误的是(　　)。

A. 在 MVC 模式中，如果哪一层的需求发生了变化，只需要更改相应层的代码而不会影响其他层中的代码

B. 在 MVC 模式中，所有的核心业务逻辑都应该放在控制层实现

C. 在 MVC 模式中，由于按层把系统分开，那么就能更好地实现开发中的分工

D. 使用 MVC 模式，有利于组件的重用

11. Android 应用程序需要打包成(　　)文件格式在手机上安装运行。

A. class　　B. .xml　　C. .apk　　D. dex

12. 在 Activity 的生命周期中，当 Activity 被某个 AlertDialog 覆盖一部分后，会处于(　　)状态。

A. 暂停　　B. 活动　　C. 停止　　D. 销毁

13. Android 项目启动时最先加载的是 AndroidManifest.xml 文件，如果有多个 Activity，以下(　　)属性决定了该 Activity 最先被加载。

A. android.intent.action.LAUNCH

B. android:intent.action.ACTIVITY

C. android:intent.action.MAIN

D. android:intent.action.VIEW

14. 下列关于 Handler 的说法中不正确的是(　　)。

A. 它是实现不同进程间通信的一种机制

B. 它采用队列的方式来存储 Message

C. Handler 既是消息的发送者也是消息的处理者

D. 它是实现不同线程间通信的一种机制

15. 下列(　　)不是 Android 的存储方式。

A. File　　B. SharedPreferences

C. SQLite　　D. ContentProvider

16. Android 支持的 4 大重要组件，分别是 Activity、________、Service 和 Content Provider。

17. Android 的事件处理机制有两种：一种是基于回调的处理机制；另一种是________。

第6章 CHAPTER 6 综合项目实训

6.1 智能停车场项目介绍

6.1.1 项目体系架构

本项目将要实现一个多区域分布式停车场的模拟系统。整个系统涉及硬件、服务器、Android App 等多个平台的内容开发；开发技术涉及 C、JSP、Android 等。项目要实现的硬件终端功能包括 RFID 读卡并控制道闸、采集车位信息；服务器端功能包括处理传感器采集的信息并存取数据库，为 Android App 提供接口，为管理员提供 Web 端后台操作界面等；Android 端 App 功能包括提供天气信息、车位信息等。项目的系统架构如图 6-1 所示。

在项目中组建了两组 ZigBee 无线网络，第一组无线网络用于采集车位信息。终端节点部署于车位上方，节点 I/O 口接超声测距传感器，检测车位状态。车位状态由终端节点发送至协调器。协调器通过网关将车位状态发送至服务器，服务器端程序将车位状态更新至数据库。

第二组无线网络包括一个终端节点和一个协调器节点。终端节点外界 RFID 读卡器，将卡号通过 ZigBee 网络传递给协调器。协调器通过网关请求服务器，验证卡号后打开道闸放行。

项目采用"瘦网关"模式，即网关只负责 ZigBee 网络和 Internet 之间的数据传递，没有展示和控制界面。网关采用 WiFi 模块，连接至协调器，配置实训环境中 WiFi 热点，实现协调器网络请求字符串的串口透传，并将请求发送至 Web 服务器。

项目服务器端程序采用 JSP 开发，具备信息管理功能和接口功能。管理员终端可通过浏览器访问服务器，使用信息管理功能进行停车卡信息管理和用户信息管理，以及停车场计费规则设置。服务器端提供硬件接口给 ZigBee 网关，实现车位信息的更新和卡号的验证，提供移动端接口给手机端，使得用户可以远程查看车位状态，判断停车场车位占用情况。

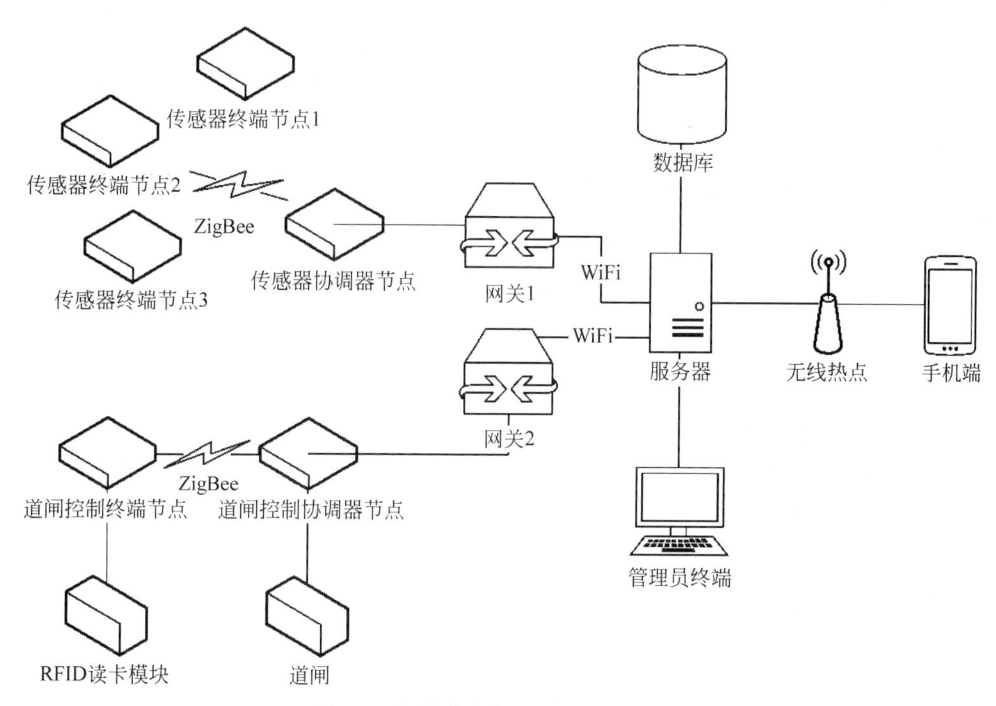

图 6-1　智能停车场项目系统架构图

项目手机端采用 Android 技术开发，通过 OkHttp 网络访问框架访问服务器移动端接口，刷新 UI 界面，实时展示车位状态。除此之外，还提供天气信息作为 APP 附加功能。

6.1.2　软硬件环境

根据项目的体系架构，需要准备的硬件器材如图 6-2 和图 6-3 所示。

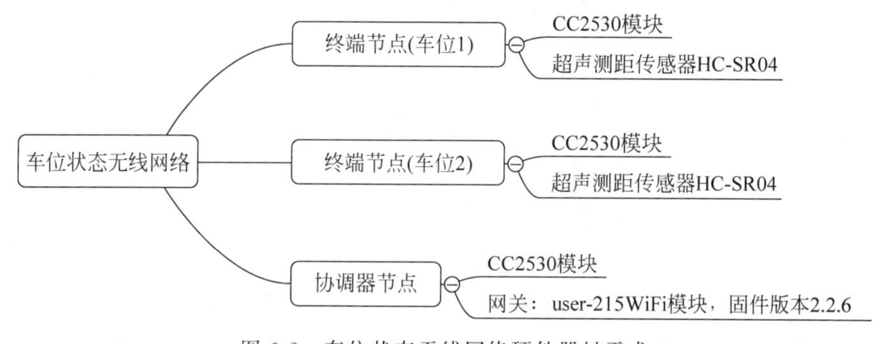

图 6-2　车位状态无线网络硬件器材需求

除此之外，开发和调试实训项目的硬件还包括若干杜邦线、电源线、仿真器、串口模块、装有 Android 操作系统的硬件设备、服务器主机。

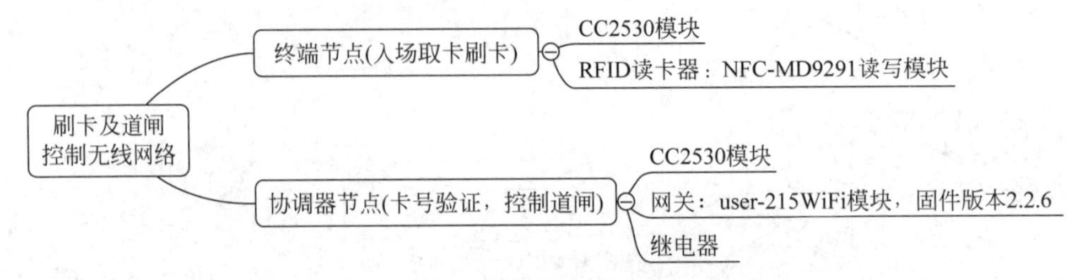

图 6-3 刷卡及道闸控制无线网络硬件器材需求

实训项目所需的软件环境包括 Windows 操作系统（推荐 Windows 10），Android Studio 开发环境，Eclipse＋Tomcat＋JDK 集成开发环境，MySQL＋Navicat 数据库相关软件，IAR 集成开发环境。

硬件开发所需的软件平台包括 IAR 集成开发环境、ZStack 协议栈、串口调试助手、AT_setup 工具。

6.1.3 实训项目目标

智能停车场实训项目的目标如下。

（1）能够收集超声波传感器信息（车位状态）并通过协调器节点向网关发送信息的 ZigBee 网络。

（2）能够读取刷卡信息并能向服务器发送卡号进行验证，验证通过后能控制道闸的 ZigBee 网络。

（3）能够处理协调器发送的数据、提供 Web 端停车场管理界面、提供 Android 端访问接口的服务器端应用程序。

（4）能够通过网络访问从服务器获取车位状态信息的 Android 端应用程序。

6.2 智能停车场项目硬件端

6.2.1 网关模块

在智能停车场项目中，采用 WiFi 模块作为网关，负责服务器端和协调器节点之间的通信，它沟通了服务器和硬件网络。这里使用 USR-215 WiFi 模块。在无线通信技术中还存在 RFID、WiFi、ZigBee 等技术。本项目中使用 WiFi 技术作为网关与服务器间的通信手段，而没有选择其他方式，除了成熟常用的协议支持外，其他方面 WiFi 技术也更合适，对比如表 6-1 所示。

表 6-1 WiFi 技术与其他通信技术的对比

技术 对比项	RFID	WiFi	ZigBee	UWB
成本	较低	较高	最低	最高
电池寿命	几年	几天	几年	几小时
定位方式	区域	区域	区域	精确
有效距离/m	100	100	10～75	30
定位精度/m	3～5	10	1	0.15～0.3

USER-C215 是一款低成本的串口转 WiFi 模块。其特征是 DC 3～3.6V，TI CC3200 方案，M4 内核，低功耗，PC1/SSL 加密，超小尺寸。该模块需要连接串口模块，进行设置后使用。主要设置访问 Web 服务器的 IP 地址、端口号、访问方式、WiFi 热点的名称密码等，设置过程如下。

串口连接 WiFi 模块，打开 AT_setup 软件，依次设置以下命令。

（1）AT＋WMODE＝STA

（2）AT＋HTPSV＝IP 地址，端口号

（3）AT＋HTPTP＝GET

（4）AT＋HTPURL＝/要访问的服务器路径名称

（5）AT＋WSTA＝热点 SSID，热点 key

（6）AT＋HTPTO＝10

（7）AT＋HTPHD＝Accept：text/html[0D][0A]Accept-Language：zhCN[0D][0A]User-Agent：Mozilla/5.0[0D][0A]Connection：Keep-Alive[0D][0A]

（8）AT＋HTPFT＝ON

（9）AT＋TMODE＝HTPC

WiFi 模块经设置后，通过串口模块连接于 ZigBee 网络的协调器节点，即可通过串口转 WiFi 的方式，与 Web 服务器进行通信，完成网关的主要功能，实现 ZigBee 网络和 Internet 之间的数据传输。

6.2.2 车位状态无线网络的构建

车位状态无线网络由若干 CC2530 模块组建。其连线模拟拓扑图如图 6-4 所示。

网络中包含一个协调器和多个终端节点。在停车场面积较大时，可以考虑加入 ZigBee 路由节点，拓展网络覆盖范围。网络中的终端节点采集车位状态后，将车位状态数据发送至协调器，协调器通过串口 WiFi 透传，将车位状态数据发送至 Web 服务器，存储于数据库的 psd 表中。

协调器的代码运行遵循 ZStack 协议栈的 OSAL 事件处理机制。烧写协调器代码至硬件模块时，选择节点类型为协调器，在 S2App_Init()函数中，就获得节点的设备类型为协调器。由于事件处理机制，初始化后，即通过 S2App_ProcessEvent()函数处理节点运行过程中发生的各种事件。作为协调器，会收到无线网络中其他节点发送来的

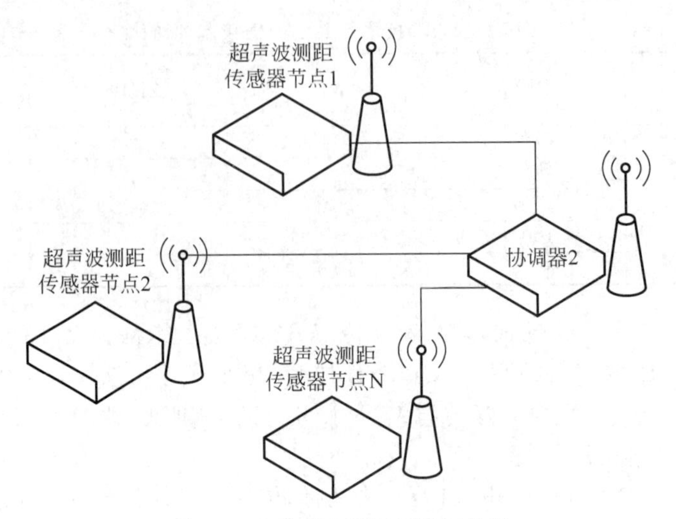

图 6-4 车位状态无线网络拓扑图

消息。一旦终端节点向其发送消息，则会触发事件，进入 AF_INCOMING_MSG_CMD 程序分支。在该程序分支中，调用收到消息的回调函数，在回调函数中完成语句，向串口发送请求服务器的 URL，将车位状态向串口发送。其函数调用关系如图 6-5 所示(具体函数实现见项目代码)。

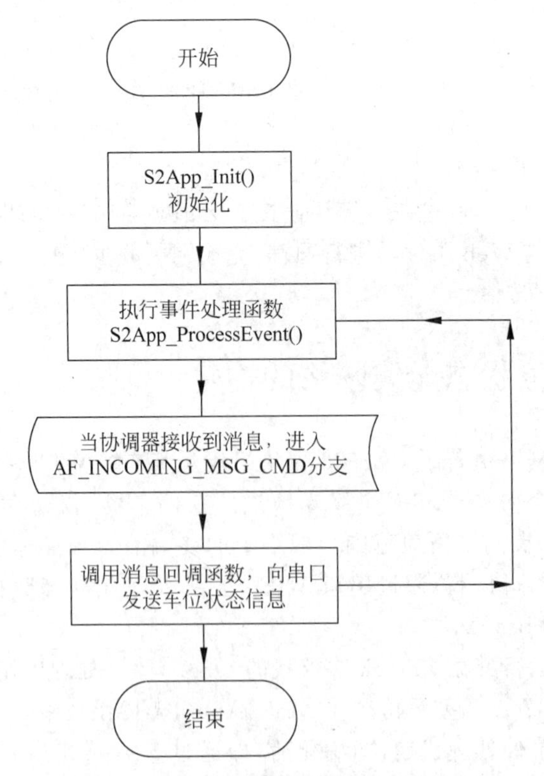

图 6-5 车位状态无线网络协调器流程图

通过流程图可以看出，车位状态及请求服务器的 URL 向串口发送后，程序逻辑即可告一段落，协调器将在 ZigBee 网络中继续工作，等待下一次事件的触发和处理。

那么，车位状态信息是如何传递到 Web 服务器的呢？由于协调器串口外接有串口模块，串口模块又与网关 WiFi 模块相连，因此，当协调器向串口发送车位状态信息后，串口模块会通过串口 WiFi 透传的模式，将车位信息向 WiFi 模块传递。通过 6.2.1 小节的网关模块设置，WiFi 模块即会通过已经设置好的 WiFi 热点，请求已经设置好的服务器 IP、端口号、URL 接口字符串，将车位状态信息向 Web 服务器发送。

网络中的终端节负责采集车位状态，通过 ZigBee 网络发送至协调器。超声测距传感器连接终端节点的 I/O 端口，用于检测车位状态。超声测距传感器与终端节点之间的引脚接线表如表 6-2 所示。

表 6-2　HC-SR04 引脚接线表

引脚编号	传感器引脚名称	连接 CC2530 的引脚名称	引脚功能
1	VCC	3.3V	供电
2	GND	GND	接地
3	Echo	P0_6	接收声波
4	Trig	P1_3	发送声波

组建 ZigBee 网络的过程从 S2App_Init()函数开始。在烧写模块代码至 CC2530 模块时，选择节点类型为终端节点，则初始化后，节点的设备状态即为终端节点，它将作为终端节点的角色在网络中工作。终端节点采集车位状态的工作是周期性定时事件。因此，需要调用 osal_start_timerEx()函数，开启终端节点的周期性定时事件。每隔 1s 收集一次超声测距传感器测得的车位状态数据。当接收到车位状态数据后，会触发事件，事件号的宏定义为 S2APP_ENDDEVICE_MSG_EVT。通过 if 语句的 &(按位与)的判断，如果终端节点收到了车位状态消息，则 ZigBee 网络发送至协调器。通过第 3 章物联网网络层的知识，及查阅 ZStack API 文档，可知在 ZigBee 网络中，发送数据要使用 AF_DataRequest()函数。当车位状态数据向协调器发送完毕后，要重新开启周期性定时事件 S2APP_ENDDEVICE_MSG_EVT，循环执行车位状态检测任务。终端节点程序执行过程中的函数调用关系如图 6-6 所示，具体函数实现见项目代码。

6.2.3 刷卡及道闸控制无线网络的构建

刷卡及道闸控制无线网络由两个 ZigBee 节点构成，一个作为终端节点，一个作为协调器节点。协调器节点负责收到卡号后向服务器发出请求，因此与串口模块＋WiFi 模块连接。卡号经 Web 服务器验证后返回验证结果，根据验证结果向继电器发出指令，控制道闸开闭。因此，协调器的 I/O 端口与继电器相连。终端节点负责向读卡器发送卡片激活指令，通过串口与 NFC 读卡器模块相连。连线模拟拓扑图如图 6-7 所示。

协调器的 IO 端口与继电器引脚连接关系如表 6-3 所示。

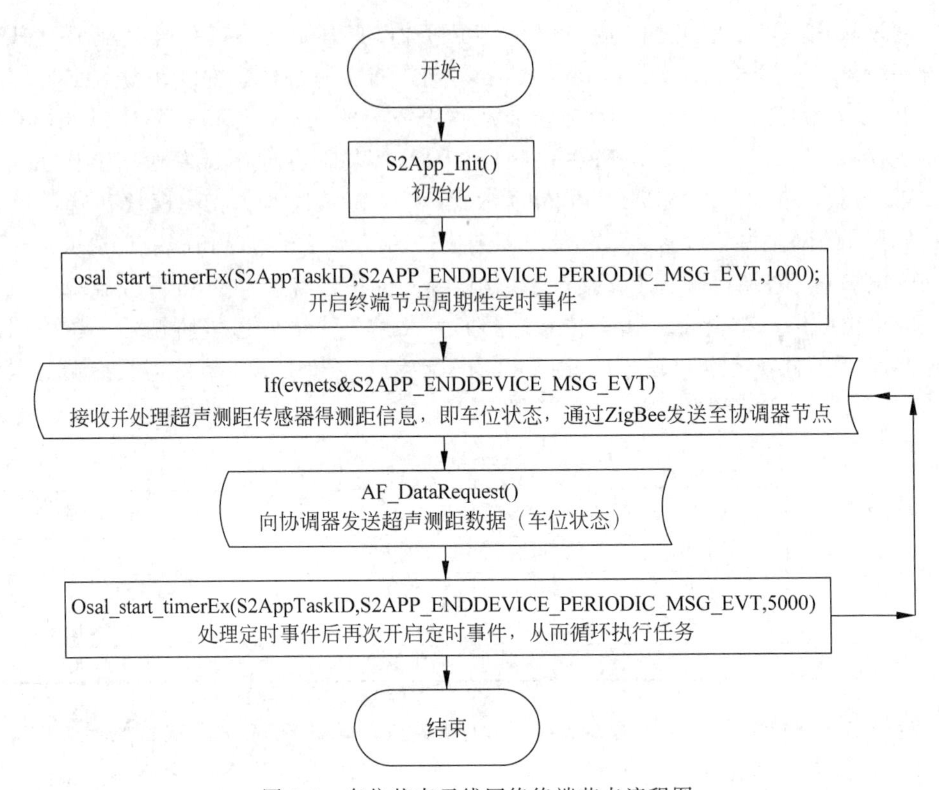

图 6-6 车位状态无线网络终端节点流程图

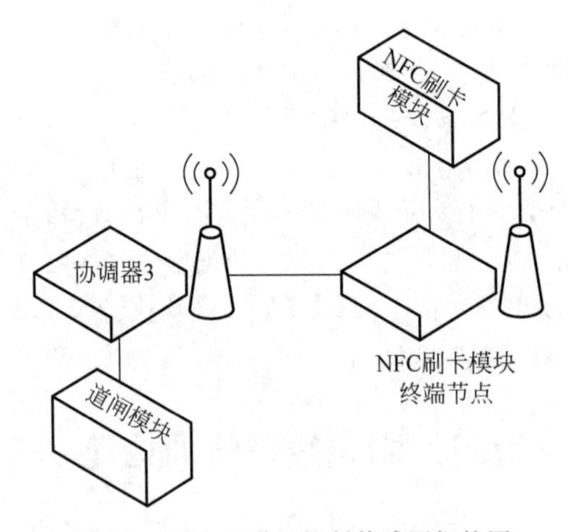

图 6-7 刷卡及道闸控制传感网拓扑图

表 6-3 继电器模块引脚接线表

引脚编号	继电器引脚名称	连接 CC2530 的引脚名称	引脚功能
1	VCC	3.3V	供电
2	GND	GND	接地
3	IN	P0_6	控制开关

协调器经初始化函数 S2App_Init()后，组网成功，获得网络中的设备类型为协调器。随即在 ZStack OSAL 的事件处理机制下运行。当协调器收到 ZigBee 网络中的终端节点传递来的消息时，会进入 AF_INCOMING_MSG_CMD 分支，调用收到无线网络 AF 层后的消息回调函数 S2App_MessageMSGCB()。在该回调函数中，向协调器的串口发送服务器请求 URL，并附带参数，RFID 卡号。服务器收到请求后，会验证卡号信息并返回结果。当卡号在数据库中已存在，则说明验证通过，则服务器给继电器发送指令，打开道闸。当卡号在数据库中不存在，则说明验证失败，此时协调器不做任何动作，继续在 ZigBee 网络中充当协调器的角色，遵循其事件处理机制，等待下一次事件的发生。协调器端代码的函数调用关系如图 6-8 所示，具体函数实现见项目代码。

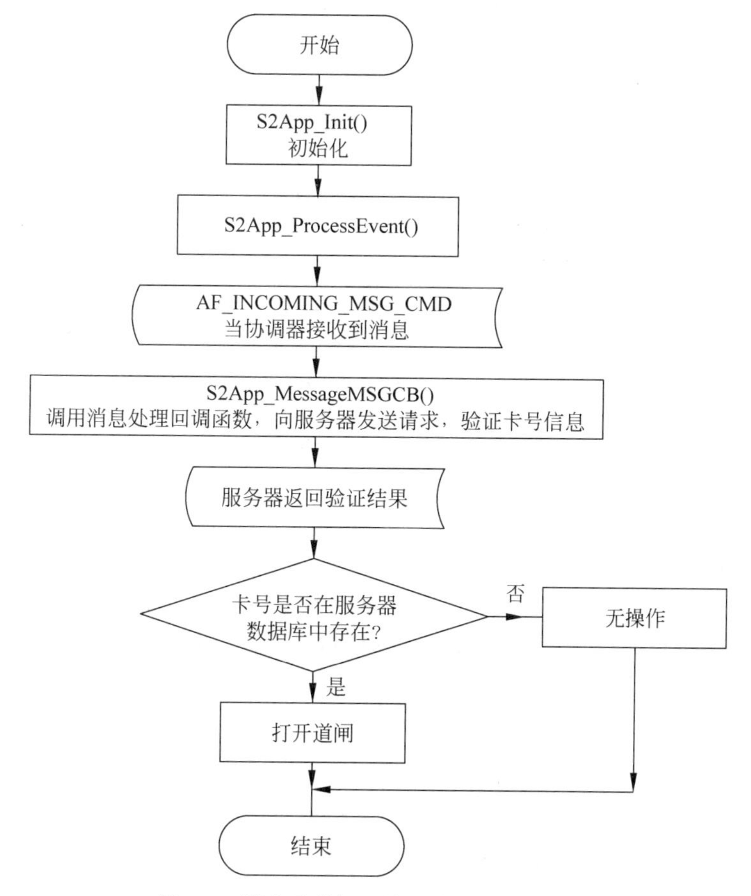

图 6-8 刷卡及道闸无线网络协调器流程图

终端节点的串口与读卡器相连，引脚连接关系如表 6-4 所示。

表 6-4 NFC 读卡模块引脚接线表

引脚编号	传感器引脚名称	连接 CC2530 的引脚名称	引脚功能
1	VCC	3.3V	供电
2	GND	GND	接地

续表

引脚编号	继电器引脚名称	连接 CC2530 的引脚名称	引脚功能
3	TXD	RXD	发送数据
4	RXD	TXD	接收数据

终端节点在 IAR 环境中烧写代码时选中设备类型为终端节点。当程序运行 S2App_Init()函数后，即获得其设备类型为终端节点，并在终端节点的设备类型程序分支中开启 osal_start_timerEx()周期性定时事件。转至 S2APP_ENDDEVICE_PERIODIC_MSG_EVT 事件分支。在该事件分支中，判断事件类型是否为 S2APP_ENDDEVICE_PERIODIC_MSG_EVT，并进入 if 语句块，通过串口向读卡器发送卡激活命令，即不断读卡。再次调用函数 osal_start_timerEx()函数，开启周期性定时事件，从而达到不断发送卡激活命令读卡，等待卡片靠近的效果。当有卡片靠近时，读卡器会读到卡号，自动经过一系列防碰撞、筛选、暂停的措施后，会将读到的卡号返回给终端节点的串口。串口对读到卡号的处理通过回调函数 rxCB()进行。当 rxCB 收到卡片信息后，终端节点将读到的卡片信息向协调器传送。根据 ZStack API 帮助文档，ZigBee 网络中的数据传输函数为 AF_DataRequest()。调用该函数即向协调器发送卡号信息。终端节点函数调用关系如图 6-9 所示，具体函数实现见项目代码。

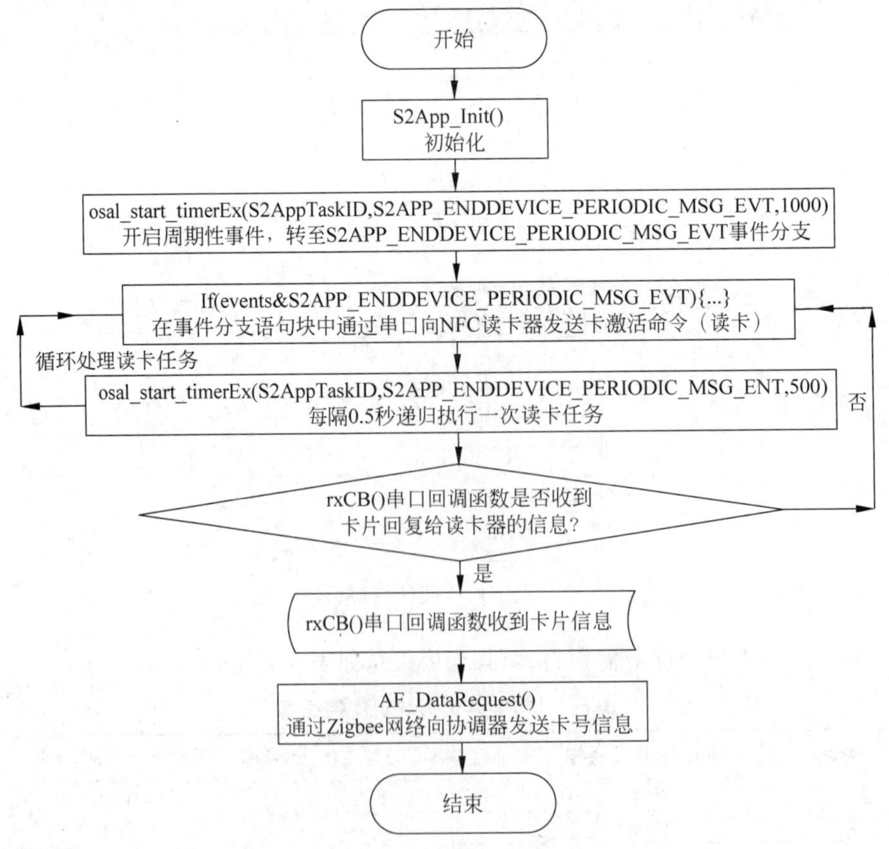

图 6-9 刷卡及道闸无线网络终端节点流程图

6.3　智能停车场项目软件端

6.3.1　智能停车场服务器端开发

服务器端需要满足接收 ZigBee 网络传过来的数据，同时还要留出给 Android 端的访问接口，Web 端还得提供浏览器访问功能，所以，还需要设计一个前端页面作为管理员用户的操作后台界面。服务器端的功能框架图如图 6-10 所示。

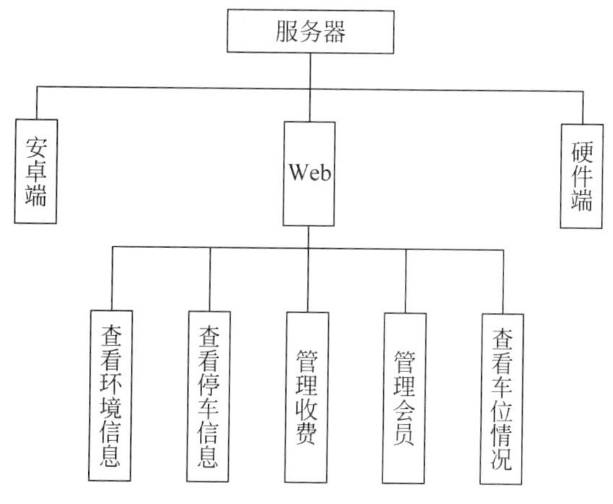

图 6-10　服务器端功能框架图

1. 服务器端数据库设计

智能停车场实训项目服务器端具备接口和信息管理两大类功能。其中，停车卡数据存储于 card 表中，计费规则存储于 chargerule 表中，车位状态数据存储于 psd 表中，用户数据存储于 user 表中。表结构分别如表 6-5～表 6-8 所示。

表 6-5　card 表设计

编号	字段名称	字段类型	是否主键	功能说明
1	cardid	varchar	否	卡号
2	starttime	datetime	否	车辆进入时间
3	status	char	否	车辆是否在停车中
4	endtime	datetime	否	车辆离开时间
5	charge	float	否	收费金额
6	num	int	是	主键编号

表 6-6 chargerule 表设计

编号	字段名称	字段类型	是否主键	功能说明
1	fee	int	是	每 15 分钟收费金额

表 6-7 psd 表设计

编号	字段名称	字段类型	是否主键	功能说明
1	status	varchar	否	状态
2	node	int	是	节点/主键编号

表 6-8 user 表设计

编号	字段名称	字段类型	是否主键	功能说明
1	cardid	varchar	是	卡号
2	name	varchar	否	持卡人姓名
3	count	varchar	否	停车次数
4	license	varchar	否	车牌号
5	phone	varchar	否	手机号
6	opendate	datetime	否	办卡日期

2. 服务器端接口设计

对于硬件模块与服务器之间通信，需要一个数据传输协议格式，保证服务器能接收到数据。本项目使用 GET 方式发送请求，相关数据存在于地址后方的参数，形式为“IP 地址/项目名称/Coord? 参数名 1=参数值 1& 参数名 2=参数值 2& 参数名 n=参数值 n”。具体参数信息见表 6-9。

表 6-9 硬件与服务器数据接口设计

编号	硬件参数名称	服务器参数名称	是否可为空	功能说明
1	card	cardId	否	卡号
2	role	role	否	传感器角色
3	dis	dis	否	车位泊车判定距离
4	temp	temp	否	温度信息
5	hu	hu	否	湿度信息

服务器端为 ZigBee 网络和移动端提供两个接口。为 ZigBee 网络提供的接口为一个 Servlet，名为 Coord. java。ZigBee 网络通过协调器上的网关，即串口 WiFi 模块(USER-C215)，向服务器发出请求。在 6.2.1 小节中，用 AT 指令对网关模块进行了配置，设置了请求服务器的 IP、端口号、URL，设置请求方式为 GET。当协调器通过串口透传消息时，串口 WiFi 模块将消息向设置指定的服务器发送，从而实现对服务器的请求。在接口文件 Coord. java 中，已经在 doPost()方法中调用了 doGet 方法，因此，无论网关设置的请求方式是 get 还是 post，都可以被服务器接收到并处理。Coord.

java的doGet()方法流程如图6-11所示。

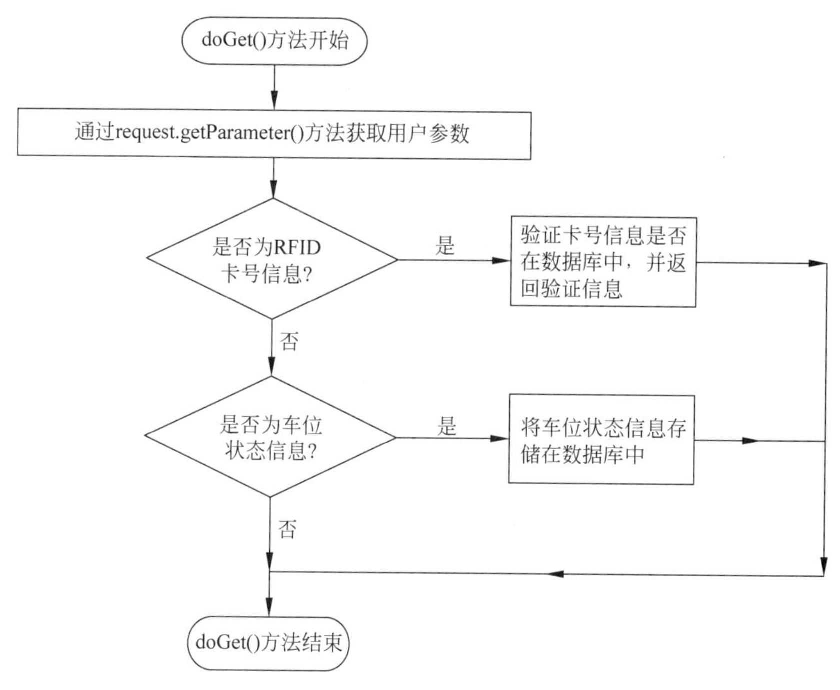

图6-11 Coord.java的doGet()方法流程图

对于服务器和Android端的通信也需要设计一个协议，本项目使用Json格式的数据将服务器端数据发送给Android端，每次发送的数据为一个列表形式，列表中数据信息见表6-10。

表6-10 服务器与Android数据接口设计

编号	服务器参数名称	Android参数名称	是否可为空	功能说明
1	node	node	否	车位节点编号
2	status	status	否	车位泊车状态

服务器端为Android端提供的接口也是一个Servlet，名为QueryAllPSDData.java，用于Android远程查看车位状态信息(psd表)。Android端通过OkHttp网络框架向服务器端发送请求，并得到Json串响应。QueryAllPSDData.java的doGet()方法的流程图如图6-12所示。

服务器端接口QueryAllPSDData.java中，调用了5.1.2小节封装的数据库访问工具类DBTool.java。在DBTool.java中，将查询车位信息数据的结果集对象(ResultSet)封装为Java集合类对象(List < Map < String，String >>)。在Android网络访问中，通常处理的访问结果为Json串。因此，在服务器端项目中采用gson框架，把Java集合类对象转换为Android网络访问中擅于处理的Json串。将gson的jar包放置于Web工程的WebContent/WEB-INF/lib目录下，如图6-13所示。

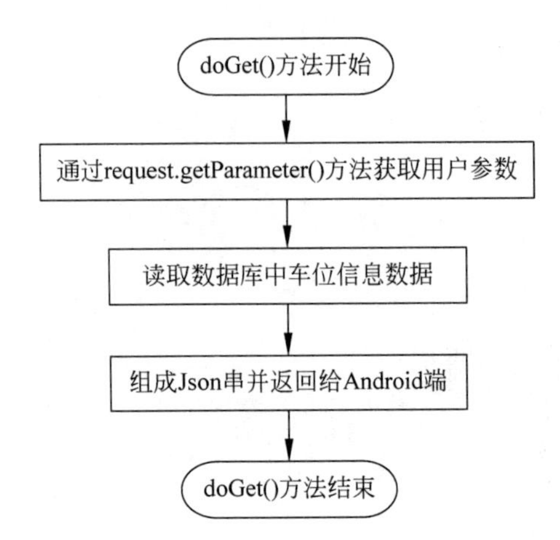

图 6-12 QueryAllPSDData.java 的 doGet()方法流程图

图 6-13 Web 工程中 gson 包的导入 1

在 Web 工程 SmartParkingLot 名字上面右击，在弹出的快捷菜单中选择 Java Build Path→Configure Build Path 选项，进入如图 6-14 所示的界面。

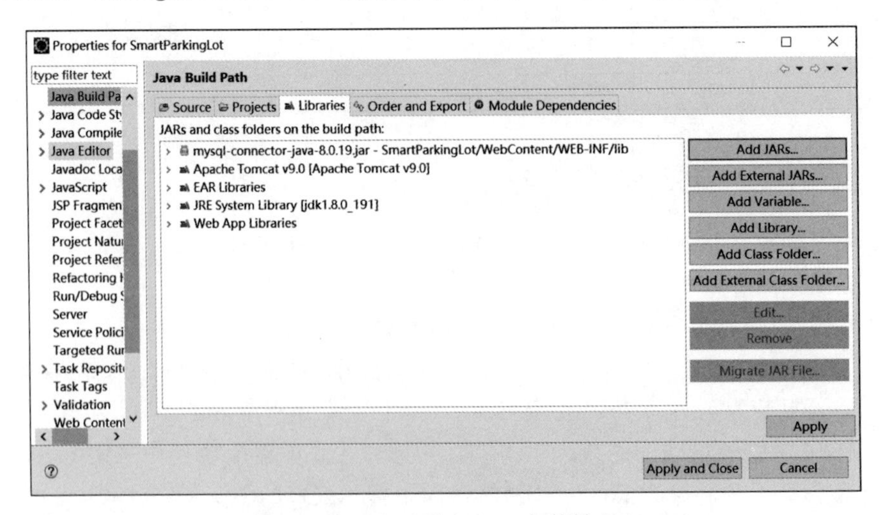

图 6-14 Web 工程中 gson 包的导入 2

单击 Add JARs 按钮，添加 gson 所需的 jar 包，如图 6-15 所示。

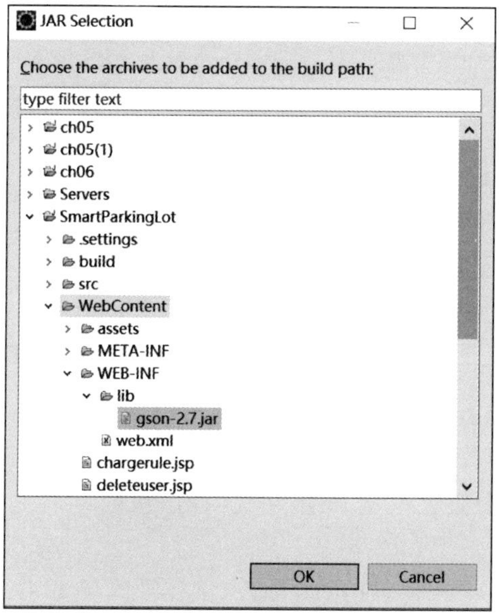

图 6-15　Web 工程中 gson 包的导入 3

添加 gson 的 jar 包之后，即可在程序中将 Java 集合类对象组成 Json 串并返回给 Android 端，代码如下所示。

```
DBUtil db = new DBUtil();
String sql = "select * from psd";
List<Map<String, String>> list = db.getList(sql);
Gson gson = new Gson();
String json = gson.toJson(list);
```

QueryAllPSDData.java 的测试运行结果如图 6-16 所示。

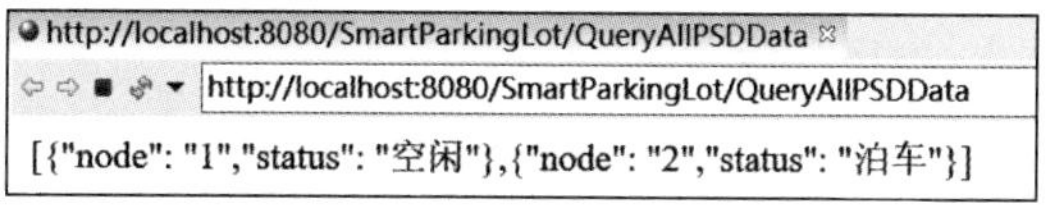

图 6-16　QueryAllPSDData.java 的测试运行结果

3. 服务器端信息管理功能设计

智能停车场的信息管理功能在服务器端实现，采用 B/S 架构，用户可通过浏览器访问服务器，使用管理功能，进行智能停车场的登录操作。登录后可在主页显示停车场主要情况、查询车位泊车情况、设置收费规则，还可以对用户进行管理。智能停车场项目的服务器端业务逻辑较为简单，因此，采用封装后的 DBTool 类进行数据库访问。对信息进行增加、删除、修改和查询，采用 MVC 模型 1 设计模式进行开发。业务逻辑和展示由前端jsp页面完成。前端页面由login.jsp、index.jsp、chargerule.jsp、psdlist.jsp、userslist.jsp、deleteuser.jsp等部分组成，其功能对应关系如表6-11所示。

表6-11 前端页面文件及功能

编号	JSP名称	功能说明
1	login.jsp	登录页面
2	index.jsp	主页面显示停车场主要情况
3	chargerule.jsp	设置收费规则页面
4	psdlist.jsp	显示车位泊车情况
5	userslist.jsp	显示用户信息
7	deleteuser.jsp	删除用户界面

前端页面使用Amazeui前端框架进行开发，使页面布局和各组件美观。页面包括登录页面、主页面、设置收费标准页面、增加、删除用户页面，环境数据显示页面、车位情况显示页面等。每个页面左边设置导航，可以快速跳转到相关页面，方便管理员使用。

界面样式文件夹assets种包括css样式、字体样式(fonts)、图标样式(i)、图片样式(img)和JavaScript脚本(js)。将assets文件夹复制在Web工程的WebContent包下，如图6-17所示。

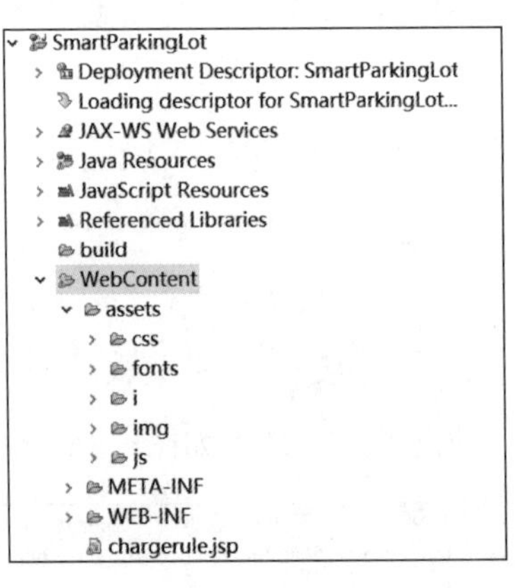

图6-17 开源前端界面样式assets的导入

登录进入管理功能后，后台系统主界面显示停车卡列表，左侧的树形目录结构分别可进行基本管理、收费管理、车位管理和环境监控功能，如图6-18所示。

6.3.2 智能停车场移动端开发

Android端主要作用是与服务器端进行通信，获取车位信息，以提醒引导用户快速找到车位并停车，此外还加入了天气预报闪屏功能，打开App即可获取当天天气等信息，稍做停留转入程序主界面。Android功能框架图见图6-19。

后台管理系统　会员管理　收费管理　全部　搜索　开启全屏

卡号	状态	入场时间	离开时间	收费
12	离开	2017-10-25 15:21:57.0	2017-10-25 16:22:25.0	0.0 元
123	离开	2017-10-18 14:24:39.0	2017-10-25 15:20:23.0	2.0 元
12345	离开	2017-10-25 14:12:14.0	2017-10-25 15:20:23.0	0.0 元
56789	离开	2017-09-24 12:47:10.0	2017-10-25 15:20:23.0	5.0 元
12	离开	2017-10-25 15:25:31.0	2017-10-25 16:22:25.0	0.0 元
12	离开	2017-10-25 15:26:15.0	2017-10-25 16:22:25.0	0.0 元
12	离开	2017-10-25 15:48:35.0	2017-10-25 16:22:25.0	0.0 元
12	离开	2017-10-25 16:17:47.0	2017-10-25 16:22:25.0	0.0 元
282F	离开	2017-10-26 16:56:52.0	2017-11-14 13:56:32.0	15.0 元
282F	离开	2017-11-14 13:23:28.0	2017-11-14 13:56:32.0	15.0 元
282F	离开	2017-11-14 13:55:41.0	2017-11-14 13:56:32.0	15.0 元
282F	泊车	2018-03-23 17:03:09.0		元
282F	泊车	2018-03-23 17:53:32.0		元

图 6-18　后台系统主界面图

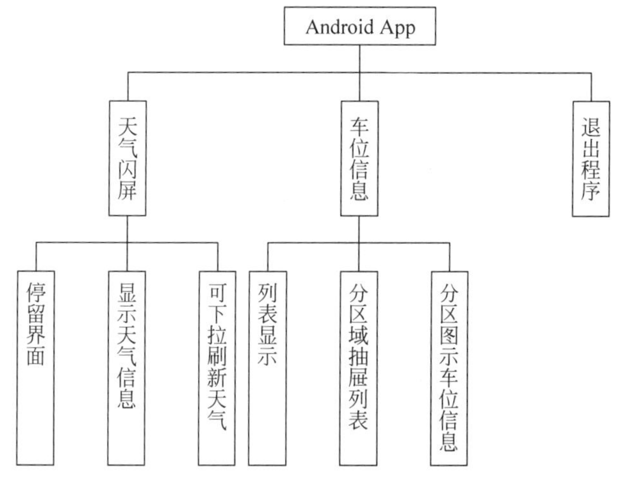

图 6-19　Android 功能框架图

智能停车场的移动端程序采用 Android 技术开发。关于界面布局和 Android 基本组件的开发在此不再赘述。其主界面流程图见图 6-20。

车位列表显示界面效果图如图 6-21 所示。

Android 与服务器端的网络通信框架采用 OkHttp 框架。首先，在 AndroidManifest.xml 文件中配置允许访问网络的权限，代码如下所示。

```
<uses-permission android:name="android.permission.INTERNET" />
```

然后，在 build.gradle 中的 dependencies 里加入对 OkHttp 的 jar 包依赖，代码如下所示。

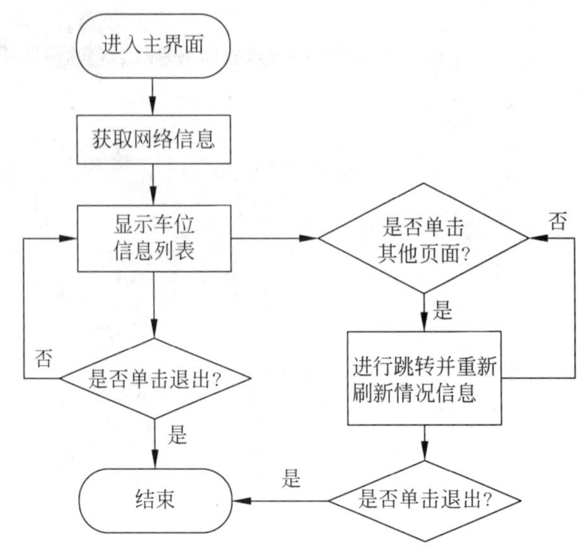

图 6-20 主界面流程图

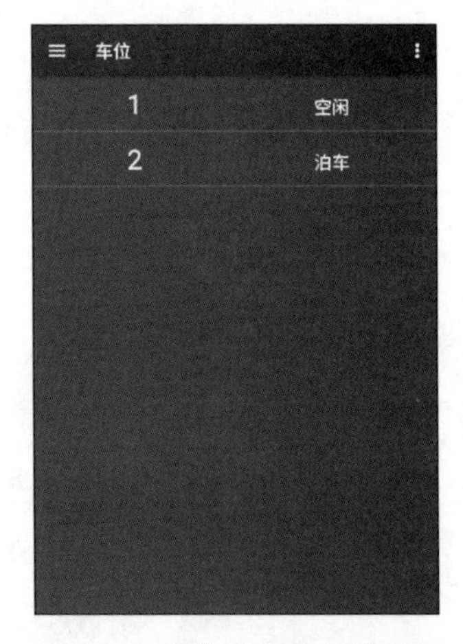

图 6-21 车位列表显示效果图

```
compile 'com.squareup.okhttp3:okhttp:3.4.1'
```

下面编写 bean 包中的 Java 文件。Android 端通过网络访问服务器，主要获得车位状态信息，远程查看车位泊车情况。数据库中的车位状态表包括 node 和 status 两个字段。因此，车位信息 bean 与车位状态表中的字段相对应，具有 node 和 status 两个字符串属性，并带有 get()和 set()访问器方法。下面的 Java 文件是车位信息 bean 的代码。

```
1. public class Inform{
2. private String node;
3. private String status;
4. public String getNode (){return node; }
5. public void setNode (String node) { this. node = node;}
6. public String getStatus (){return status; }
7. public void setStatus (String status) { this. status = status;}
8. }
```

使用 OkHttp 框架访问服务器时，需要开启一个单独的线程。在线程中覆盖 run()方法。网络请求的过程是向服务器出请求，并等待服务器返回结果的过程。服务器返回的响应封装在 response 对象中。整个发出请求和等待响应、处理响应的机制属于回调机制。智能停车场项目的移动端中对 OkHttp 网络请求及回调动作进行了封装，封装后的类位于 util 包中，类名位 HttpUtil，代码如下所示。

```
package neusoft. raindy. osa. util;

import okhttp3. OkHttpClient;
import okhttp3. Request;
public class HttpUtil {
    //使用 okhttp 和服务器进行交互
    public static void sendOkHttpRequest(String address, okhttp3. Callback callback) {
        OkHttpClient client  =  new OkHttpClient();
        Request request  =  new Request. Builder(). url(address). build();
        client. newCall(request). enqueue(callback);
    }
}
```

在 fragment 包的 Fragmentzone2. java 中，利用 OkHttp 实现对服务器的网络请求。在覆盖的 run()方法中，采用 HttpUtil. sendOkHttpRequest()方法发送 HTTP 请求给服务器。需要指定服务器的 IP 地址、端口号和接口 URL。如在开发过程中，移动端的 Android 虚拟机和服务器代码部署于同一台主机上，在 Android 代码中用 10. 0. 2. 2 表示本机 IP 地址。按照请求失败和成功两种结果，分别进入 onFailure()和 onResponse()两个方法。当请求得到成功的响应信息时，进入 onResponse()方法，将响应文本的 Jsonn 串(responseText)转换为 Java 集合类(List)的对象。Fragmentzone2. java 中利用 OkHttp 进行网络访问，查询车位状态数据的代码片段如下所示。

```
1.  new Thread(new Runnable() {
2.              @Override
3.              public void run() {
4.                  try {
5.  HttpUtil. sendOkHttpRequest ( " http://10. 0. 2. 2:8080/SmartParkingLot/QueryAllPSDData",
    new Callback() {
```

```
6.                     @Override
7.                     public void onFailure(Call call, IOException e) {
8.
9.                     }
10.
11.                    @Override
12.                    public void onResponse(Call call, Response response) throws
     IOException {
13.                        String responseText = response.body().string();
14.
15.                        dataList = Utility.handleInfoResponse(responseText);
16.                        handler.sendMessage(handler.obtainMessage(22, dataList));
17.                    }
18.                });
19.
20.
21.            } catch (Exception e) {
22.                e.printStackTrace();
23.            }
24.        }
25.    }).start();
```

下面的代码片段也位于 Fragmentzone2.java 中,作用是将网络请求得到的数据 dataList,车位信息列表数据更新(set)到 listview 中,代码如下所示。

```
1. Handler handler = handleMessage(msg){
2. dataListt.clear();
3. dataListt.addAll(dataList);
4. getActivity().runOnUiThread(()){
5. adapter.notifyDataSetChanged();
6.                 });
7. };
```

Android 通过 OkHttp 框架网络访问成功后,收到的服务器端响应是 Json 串。在 Android 页面中,要将 Json 串中的信息更新在 UI 界面中,则需要先将 Json 串转换位 Java 集合类的对象。在智能停车场的移动端项目中仍然利用 gson 框架,将 Json 串转换回 Java 集合类的对象。首先 build.gradle 中的 dependencies 里加入 gson 的 jar 包依赖。

```
compile 'com.google.code.gson:gson:2.7'
```

Android 工程项目中的 Utility.java 文件,利用 gson 框架,将 Json 串解析为 Java 集合类的对象。例如,Android 请求服务器端接口 QueryAllPSDData,返回的是车位信息的 Json 串。车位信息的 bean 名称是 Inform,则在 Android 刷新 UI 之前,需要把 Json 串转换为 Java 集合类 ArrayList<Inform>。Utility.java 中的如下代码片段，利用 gson 框架，将车位信息查询接口返回的 Json 串转换为 Java 集合类 ArrayList<Inform>。

```
1. /**
2.     * 处理请求车位返回信息
3.     * @param response
4.     * @return
5.     */
6.    public static ArrayList<Inform> handleInfoResponse(String response) {
7.        ArrayList<Inform> list = new ArrayList<Inform>();
8.        try {
9.            JSONArray allPSDs = new JSONArray(response);
10.           Inform info = null;
11.           for (int i = 0; i < allDuties.length(); i++) {
12.               JSONObject psd = allPSDs.getJSONObject(i);
13.               info = new Inform();
14.               info.setNode(dutyObject.getString("node"));
15.               info.setStatus(dutyObject.getString("status"));
16.               list.add(info);
17.           }
18.           return list;
19.       } catch (Exception e) {
20.           e.printStackTrace();
21.       }
22.       return null;
23.   }
```

6.4　习题

1. 智能停车场的车位采用 CC2530 节点和超声测距模块检测车位占用状态，该功能属于物联网的(　　)。

A. 感知层　　B. 网络层　　C. 应用层　　D. 数据层

2. 智能停车场实训项目开发 Android 端 App 用于远程查看车位占用状态，该功能属于物联网的(　　)。

A. 感知层　　B. 网络层　　C. 应用层　　D. 数据层

3. 智能停车场多个车位节点采用(　　)组成无线网络。

A. TCP/IP 协议　　B. HTTP 协议

C. ZigBee 协议　　D. FTP 协议

4. 智能停车场实训项目中，将无线网络中的车位信息传送到 Internet 服务器上，需要经过(　　)。

A. 烧写为协调器的 ZigBee 节点，WiFi 模块

B. 烧写为路由器的 ZigBee 节点,WiFi 模块

C. 烧写为协调器的 ZigBee 节点,串口模块

D. 烧写为路由器的 ZigBee 节点,串口模块

5. 通常一个请求通过 HTTP 协议发送给服务器后,服务器响应成功的响应状态码是(　　)。

A. 404　　B. 500　　C. 302　　D. 200

6. 请阐述智能停车场实训项目中的物联网三层体系架构,并画出示意图。

参考文献

[1] 张娜. Java Web 开发技术教程[M]. 北京：清华大学出版社，2016.

[2] 孙建梅. 物联网系统应用技术及项目开发案例[M]. 北京：清华大学出版社，2018.

[3] 贾坤. 物联网技术及应用教程[M]. 北京：清华大学出版社，2018.

[4] 张冀. 物联网技术与应用[M]. 北京：清华大学出版社，2017.

[5] 何福贵. Android 物联网开发：基于 Android Studio 环境[M]. 北京：电子工业出版社，2017.

[6] IBM 商业价值研究院. IBM 商业价值报告：物联网＋：不容错过的商业与职业机遇[M]. 北京：东方出版社，2016.

[7] 孙光宇. Android 物联网开发从入门到实战[M]. 北京：清华大学出版社，2015.

[8] 付丽华. RFID 技术及产品设计[M]. 北京：电子工业出版社，2017.

[9] 来清宇. 射频识别（RFID）与单片机接口应用实例[M]. 北京：中国电力出版社，2016.

[10] 姜仲. ZigBee 技术实训教程——基于 CC2530 的无线传感网技术[M]. 北京：清华大学出版社，2015.

[11] 肖先勇. 泛在电力物联网[J]. 工程科学与技术，2020，52(4)：1-2.

[12] 李永斌. 物联网通信技术的发展现状及趋势综述[J]. 数码设计，2020，9(2)：79.

[13] 贾佳，何瑛，洪云飞. 基于物联网的多通道数据采集系统的设计[J]. 工业仪表与自动化装置，2020，(4)：21-24.

[14] 许志伟，秦会斌. 基于物联网技术的智能灯杆系统设计[J]. 传感器与微系统，2020，39(6)：77-78，82.

[15] 思特威科技. 紧握物联网时代新脉搏，赋能“全天候”物联应用[J]. 单片机与嵌入式系统应用，2020，20(7)：93.

图书资源支持

感谢您一直以来对清华版图书的支持和爱护。为了配合本书的使用，本书提供配套的资源，有需求的读者请扫描下方的“书圈”微信公众号二维码，在图书专区下载，也可以拨打电话或发送电子邮件咨询。

如果您在使用本书的过程中遇到了什么问题，或者有相关图书出版计划，也请您发邮件告诉我们，以便我们更好地为您服务。

我们的联系方式：

地　　址：北京市海淀区双清路学研大厦 A 座 714

邮　　编：100084

电　　话：010-83470236　010-83470237

客服邮箱：2301891038@qq.com

QQ：2301891038（请写明您的单位和姓名）

资源下载：关注公众号“书圈”下载配套资源。

资源下载、样书申请

书圈

获取最新书目

观看课程直播